Bilanzbuchhalter (IHK)

Eva Heinz-Zentgraf
Gepr. Bilanzbuchhalterin (IHK)

Kosten- und Leistungsrechnung

Zusammenfassung für die IHK-Prüfung im Handlungsbereich „Kosten- und Leistungsrechnung zielorientiert anwenden“

Kontakt: bibu@fachwirteverlag.de

Umschlaggestaltung: Simone Meckel

Kosten- und Leistungsrechnung im betrieblichen Rechnungswesen

Herstellung und Vertrieb: BoD – Books on Demand

ISBN 978-3-95887-851-8

Inhaltsverzeichnis

Vorbemerkung

Der Handlungsbereich

„Kosten- und Leistungsrechnung zielorientiert anwenden“

ist Teil der 3. Aufgabenstellung und soll dort mit ca. 38 Punkten berücksichtigt werden. Da es hier besonders wichtig ist, die Anwendung und Umstellung der Formeln, vor allem in der Kostenrechnung zu üben, wurden bei den entsprechenden Abschnitten zahlreiche konkrete Beispiele hinzugefügt. In Ergänzung dieses „Lehrbuchs“ ist ein gesondertes „Lernbuch“ mit Kontrollfragen, Übungsaufgaben und Hinweisen auf besonders häufige Klausurfragen in Vorbereitung.

Wer über das **Erscheinen** dieses Titels oder auch **der weiteren Titel** zu den anderen Handlungsbereichen vorab informiert werden möchte, kann sich für den newsletter registrieren lassen unter

bibu@fachwirteverlag.de

mit dem Stichwort „news“. An diese Adresse können auch Fragen oder andere Rückmeldungen an die Autorin, Frau Heinz-Zentgraf gesandt werden.

Viel Erfolg!

1. Methoden und Instrumente zur Erfassung von Kosten und Leistungen

Die Buchführung zeichnet alle Geschäftsvorfälle geordnet auf und dokumentiert. Die Bestände werden zum Abschlussstichtag in der Bilanz gegenübergestellt. Sie zeichnet gesondert alle Aufwendungen und Erträge auf, die zum Abschlussstichtag in der Gewinn- und Verlustrechnung gegenübergestellt werden.

Die Buchführung liefert auch die Grundlagen für die Kosten- und Leistungsrechnung (KLR), die nur innerbetrieblichen Zwecken dient: Die KLR ermittelt Selbstkosten und liefert die Kalkulation z.B. von Verkaufspreisen.

Die Statistik bereitet Daten der Buchführung und KLR auf, um Analysen und Entscheidungen vorzubereiten. Sie liefert damit gemeinsam mit Buchführung und KLR Daten und Auswertungen für die Planung der künftigen Unternehmensentwicklung.

Die Kosten- und Leistungsrechnung gliedert sich in drei Teilgebiete, denen besondere Aufgaben zufallen:

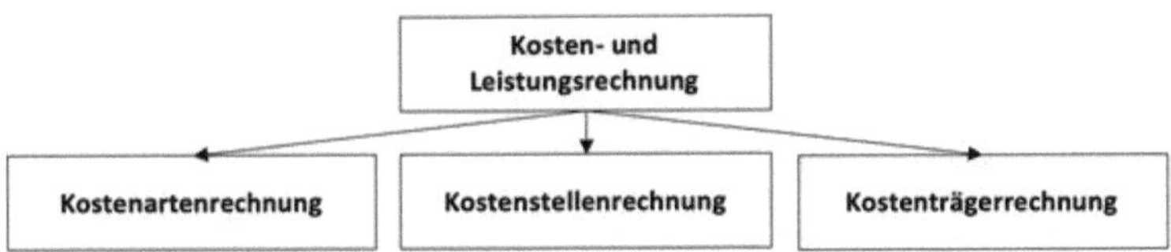

Kostenartenrechnung

Hier werden die Kosten einer Abrechnungsperiode vollständig erfasst und nach bestimmten Kriterien kategorisiert. Die Ge-samtkosten können zum Beispiel in variable und fixe Kosten auf-geteilt oder nach der Art der verbrauchten Produktionsfaktoren (z. B. Materialkosten, Energiekosten) unterschieden werden.

Die Kostenartenrechnung gibt Antwort auf die Frage:
„Welche Kosten sind entstanden?"
Für die Kosten- und Leistungsrechnung ist das Kriterium der Zurechenbarkeit besonders interessant, da hier die Kosten in Einzel- und Gemeinkosten eingeordnet werden.

Kostenstellenrechnung

Kostenstellen sind Betriebsbereiche, die kostenrechnerisch selbstständig abgerechnet werden. Die Einteilung des Unter-nehmens in Kostenstellen erfolgt üblicherweise danach, welche Bereiche eines Unternehmens zu einem Verantwortungsbereich oder nach den betrieblichen Funktionen (z. B. Fertigungskosten-stelle, Vertriebskostenstelle) zusammengefasst werden können.

Die Einteilung nach Verantwortungsbereichen ist insbesondere für die Kostenkontrollfunktion sehr wichtig und deckt sich in der Praxis oft mit der Einteilung nach den betrieblichen Funktionen.
Bei der Kostenstellenrechnung beschäftigen wir uns mit der Frage:
„Wo sind die Kosten entstanden?"
Die Kostenstellenrechnung ordnet den Kostenträgern (Produkt, Auftrag) möglichst verursachungsgerecht die Gemeinkosten zu. Die Einzelkosten benötigen die Kostenstellenrechnung nicht, da sie ihrem Wesen nach direkt den Kostenträgern zurechenbar sind. Die Umrechnung der Gemeinkosten erfolgt mithilfe des Betriebsabrechnungsbogens.

Kostenträgerrechnung

Kostenträger sind Leistungen des Betriebes (z. B. die Herstellung eines Gabelstaplers), die den Verbrauch von Produktionsfaktoren (Reifen, Gabelzinken, Hubmast, Lenkrad überbegrifflich: Rohstoffe) und damit die dementsprechenden Kosten verursacht haben.

Mit der Kostenträgerrechnung soll die Frage beantwortet werden:
„Wofür sind die Kosten entstanden?"
Ohne eine funktionstüchtige Kostenrechnung würde der Unternehmensleitung nur eine globale Größe von Kosten bekannt sein. Sie würde höchstens die Beträge kennen, die das Unternehmen bezahlt oder einnimmt.

Zentrale Frage der Kosten- und Leistungsrechnung ist, welche Kosten welchem Kalkulationsobjekt zugeordnet werden können. Kalkulationsobjekte können Kostenstellen (Abteilungen, Verantwortungsbereiche), Zeiträume (Quartal, Monat) oder Kostenträger (Produkt, Auftrag) sein. Oberstes Prinzip der Kosten- und Leistungsrechnung ist das Verursachungsprinzip.

Verursachungsprinzip

Jedem Kalkulationsobjekt sollen die Kosten zugeordnet werden, die durch seine Herstellung oder Produktion verursacht worden sind.
Das Verursachungsprinzip ist in der Praxis nur bedingt anwendbar. Häufig muss im Betrieb ein Kompromiss darüber geschlossen werden, welchem Kostenträger welche Kosten zugeordnet werden können. Für viele Kosten eines Unternehmens ist es nahezu unmöglich, einen direkten Kostenträger zu finden.

Hauptelemente der Teilbereiche

Buchführung:

Zeitrechnung = alle Aufwendungen und Erträge sowie alle Bestände der Vermögens- und Kapitalteile werden für eine bestimmte Periode erfasst.
Dokumentation = Aufzeichnung aller Geschäftsfälle nach Belegen; liefert die Daten für die anderen Bereiche des Rechnungswesens.
Rechenschaftslegung = Darlegung der Veränderung an Vermögen und Kapital sowie des Unternehmenserfolgs nach Abschluss einer Periode.

Kosten- und Leistungsrechnung:

Stück- und Zeitrechnung = Kosten und Leistungen werden erfasst für eine bestimmte Periode (Zeitrechnung) und pro Kostenträger (Stückrechnung).
Überwachung der Wirtschaftlichkeit = Betriebsergebnis wird ermittelt durch die Gegenüberstellung von Kosten und Leistungen und die Wirtschaftlichkeit in der Abrechnungsperiode beurteilt.

Statistik:

Auswertung = Daten der Buchhaltung und der KLR werden verdichtet, aufbereitet und mithilfe von Diagrammen und Kennzahlen dargestellt.
Vergleichsrechnung = die ermittelten Kennzahlen werden intern (mit zurückliegenden Perioden) und extern (mit Branchen-werten) verglichen.

Planungsrechnung:

Aus den Ist-Daten (Vergangenheit) werden Soll-Daten für die Zukunft (= Zielwerte) entwickelt. In der aktuellen Periode können dann durch Soll-Ist-Vergleiche Erkenntnisse über die Zielerreichung und eventuell erforderliche Maßnahmen gewonnen werden.

1.1 Kosten- und Leistungsrechnung im betrieblichen Rechnungswesen

Die zahlenmäßige Aufbereitung und Darstellung der gesamten betrieblichen Unternehmung stellt wohl die größte Aufgabe des Rechnungswesens dar, definiert man das betriebliche Rechnungswesen als Prozess der Informationsgewinnung, -verarbeitung und -weiterleitung.
Entsprechend beinhaltet das Rechnungswesen alle Maßnahmen zur zahlenmäßigen Erfassung, systematischen Aufbereitung und Abbildung wirtschaftlicher Vorgänge innerhalb eines Unternehmens (internes Rechnungswesen) und zwischen dem Unternehmen und seiner Umwelt (externes Rechnungswesen).

Das Rechnungswesen lässt sich daher je nach Informationsbedürfnis und Adressatenkreis in die folgenden vier unterschiedlichen Aufgabenbereiche gliedern: Finanzbuchhaltung (Buchführung), Kosten- und Leistungsrechnung, Statistik und Planung, die jeweils extern oder intern veranlasst und geregelt sind.

Die Kosten- und Leistungsrechnung (KLR) ist betriebsbezogen; sie befasst sich nur mit den Aufwendungen und Erträgen, die in engem Zusammenhang mit den betrieblichen Tätigkeiten („primären Funktionen“) stehen: Beschaffung – Produktion – Absatz.

Hauptaufgaben

- Kalkulation und Preisbeurteilung
- Ermittlung der Selbstkosten, Grundlage für Verkaufspreise
- Kontrolle der Wirtschaftlichkeit
- Datengrundlagen für Überwachung der Kostenentwicklung
- Grundlage für Planungen und Entscheidungen
- Erfolgsermittlung und Bestandsbewertung

Teilbereiche der KLR

Kostenartenrechnung: Erfassung und Einteilung aller angefallenen Kosten; *„Welche Kosten?"*

Kostenstellenrechnung: Zuordnung von (Gemein-)Kosten zu Abteilungen etc.; *„Wo sind die Kosten entstanden?"*

Kostenträgerrechnung: Zuordnung von Kosten zu betrieblichen Erzeugnissen; *„Wer hat die Kosten zu tragen?"*

Zusammenhang der Teilbereiche:

Die Kostenartenrechnung teilt Kosten auf in Einzelkosten und Gemeinkosten. Letztere gehen ein in die Kostenstellenrechnung und von dort als Kalkulationssätze in die Kostenträgerrechnung, die daraus und den Einzelkosten die Selbstkosten ermittelt.

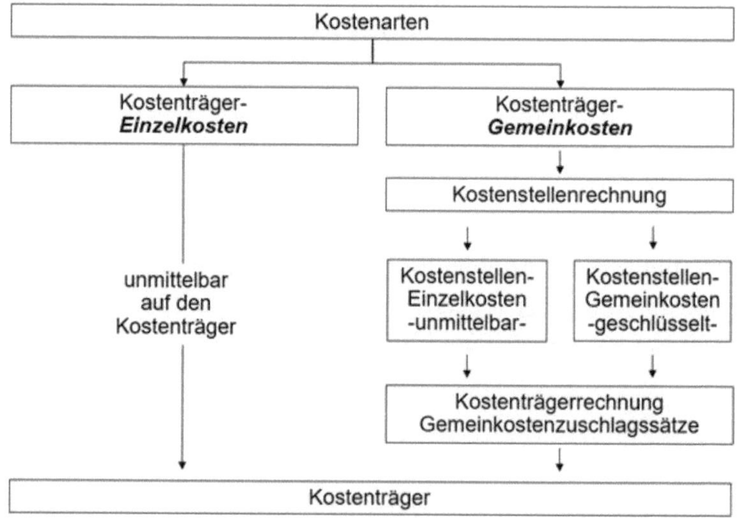

1.2 Abgrenzung Kosten und Leistungen von Aufwendungen und Erträgen

Kostenbegriffe

Nach der **Bewertungsgrundlage**: Pagatorische Kosten= Zahlungsvorgänge; wertmäßige = Wertvorstellungen.
Nach dem Verhältnis zum **Aufwand**: Grundkosten (aufwandsgleich), Anderskosten (aufwandsverschieden), Zusatzkosten (aufwandslos)
Nach dem Verhältnis zur **Ausbringungsmenge**: fixe (mengenunabhängig), variable (mengenabhängig)
Nach der **Zurechnung**: Einzelkosten (direkt), Gemeinkosten (in-direkt)
Nach dem Umfang der Zurechnung: Vollkosten (vollständige), Teilkosten (unvollständige)
Nach dem **Zeitbezug**: Plankosten (zukünftige), Ist- / Normalkosten (vergangene)

Aufwand und Kosten

Auszahlung = Abfluss von Zahlungsmitteln (Bargeld; Sichtguthaben) aus dem Unternehmen.
Ausgaben = Auszahlungen + entstandene Verbindlichkeiten
Aufwand = in der FiBu die während einer Periode verbrauchten Güter und Dienstleistungen.
Kosten = in der KLR die zur Erstellung der betrieblichen Leistung verbrauchten Güter und Dienstleistungen.
Aufwand für Kosten in gleicher Höhe = **Zweckaufwand** (= Grundkosten der KLR; z.B. Löhne, Rohstoffe)

Aufwand ohne Kosten

(= nicht zur betriebl. Leistungserstellung angefallener, **neutraler Aufwand**). - Arten:

betriebsfremder Aufwand (z.B. Spenden; Verluste aus Wertpapierverkäufen); betrieblich außerordentlicher Aufwand (z.B. Unfallschäden); **periodenfremder Aufwand** (z.B. Steuernachzahlung).
Anderskosten = Differenz zwischen Aufwand und Kosten (z.B. kalkulatorische Abschreibungen über bilanzielle Abschreibung hinaus, kalkulatorische Wagnisse)
Zusatzkosten = Kosten ohne gegenüberstehenden Aufwand (z.B. kalkulatorischer Unternehmerlohn, kalkulatorische Miete).
Anderskosten + Zusatzkosten = **kalkulatorische Kosten**, da sie für die Zwecke der KLR (v.a. Preisfestsetzung auf Basis der Ermittlung der Selbstkosten) kalkuliert werden müssen.

Ertrag und Leistung

Einzahlung = Zufluss von Zahlungsmitteln (Bargeld; Sichtguthaben) in das Unternehmen.
Einnahmen = Einzahlungen + entstandene Forderungen
Ertrag = in der FiBu der während einer Periode erwirtschaftete Wertzuwachs.

Leistung = in der KLR durch den Faktoreinsatz (Kosten) erzielte betriebliche Wertschöpfung. Bedeutet: vom Betrieb hergestellte fertige und unfertige Erzeugnisse, Eigen- und Dienstleistungen (Erlöse aus dem Verkauf von Erzeugnissen; Mehrbestand von Fertigprodukten; eigene Herstellung von Werkzeug)
Ertrag für Leistungen in gleicher Höhe = **Zweckertrag** = Grundleistungen der KLR

Ertrag ohne Leistungen (= nicht durch betriebliche Leistungserstellung entstandener, **neutraler** Ertrag); Arten: **betriebsfremder** Ertrag (z.B. Gewinne aus Devisengeschäften; Erträge aus Beteiligungen);

betrieblich **außerordentlicher** Ertrag (z.B. durch Verkauf einer abgeschriebenen Maschine; aus der Auflösung von Rückstellungen); **periodenfremder** Ertrag (z.B. Steuerrückerstattung).
Andersleistungen = Differenz zwischen Erträgen und Leistungen (z.B. kalkulatorisch andere Bewertung von Lagerbeständen fertiger Erzeugnisse)
Zusatzleistungen = Leistungen ohne gegenüberstehenden Ertrag (z.B. ohne Berechnung abgegebene Erzeugnisse).

1.3 Kosten nach unterschiedlichen Kriterien

Variable Kosten = abhängig von der Auslastung, meist Einzelkosten wie Fertigungsmaterial und Fertigungslöhne, die je nach Ausbringungsmenge (Stückzahl) anfallen.

Bei den variablen Kosten können zudem folgende Kosten unterschieden werden:

Proportionale Kosten: hier handelt es sich um den Teil der variablen Kosten, der sich im gleichen Verhältnis wie die Beschäftigung verändert. Beispielsweise Fertigungsmaterial, Hilfsstoffe, Fertigungslöhne oder mengenmäßige Lagerkosten.

Progressive Kosten auch **überproportionale** Kosten: hier handelt es sich um variable Kosten, die mit steigendem Beschäftigungsgrad bzw. steigender Auslastung stärker ansteigen. Beispielsweise durch anfallende Überstunden oder Nachtschichten, die aufgrund der höheren Auftragslage mit gleichem Personaleinsatz entstehen.

Degressive Kosten auch **unterproportionale** Kosten: hier steigen die variablen Kosten langsamer im Verhältnis zum Beschäftigungsgrad bzw. zur Auslastung. Beispielsweise durch einen gewährten Mengenrabatt bei einer größeren Abnahmemenge der Rohstoffe.

Fixe Kosten = sind von der Beschäftigung unabhängig; fallen somit immer an wie beispielsweise Miete, Reinigungsservice und Gehälter.

Bei den fixen Kosten können zudem folgende Kosten unterschieden werden:

Intervallfixe Kosten oder auch **sprungfixe** Kosten fallen mit einem festen Beschäftigungsintervall konstant an und nehmen bei einer Kapazitätserweiterung sprunghaft zu. Ab dem 1. Stück, das über die ursprüngliche Kapazitätsgrenze hinausgeht, fallen zusätzliche fixe Kosten an wie beispielsweise Gehälter.

Ausmaß der Kostenrechnung

In der Vollkostenrechnung werden alle Kosten auf die Kostenstellen und die Kostenträger verteilt. Ziel der Vollkostenrechnung ist die Ermittlung der Selbstkosten, auf deren Basis die Preiskalkulation durchgeführt werden kann. Das Unternehmen möchte damit erreichen, dass alle Kosten gedeckt werden, die im Produktionsverlauf anfallen. Problematisch ist die Vollkostenrechnung jedoch aufgrund der Annahme, dass sich auch die fixen Kosten proportional zur Ausbringungsmenge verhalten.

Durch die Anwendung der Vollkostenrechnung zur Bestimmung der Selbstkosten eines Produktes kann das Unternehmen bei sinkenden Absatzzahlen den negativen Trend noch beschleunigen, da die Verteilung der Fixkosten auf immer weniger Kostenträger -beispielsweise Produkte- zu einer Erhöhung der Stückkosten und somit zu einer Preiserhöhung führt, was sich negativ auf die Absatzzahlen des Produktes auswirken würde.

Die Teilkostenrechnung versucht, die im obigen Beispiel beschriebene Problematik zu lösen. Hier werden nur die von der Ausbringungsmenge abhängigen Kosten auf die Kostenträger verteilt. Die fixen Kosten werden in einem Block unter Umgehung der Kostenträgerrechnung unmittelbar in die Erfolgsrechnung überführt.
Die Teilkostenrechnung versucht bei der Zurechnung der Kosten das Verursachungsprinzip einzuhalten, indem nur diejenigen Kosten den Kostenträgern zugerechnet werden, die in direktem Zusammenhang zu

der jeweiligen Ausbringungsmenge stehen. Fixe Kosten werden meist durch die Produktion eines Kostenträgers verursacht (z. B. Miete, Gehälter). Jedoch ist für die Fixkosten nicht die Höhe der Ausbringungsmenge maßgeblich, sondern die Produktionsentscheidung für dieses Produkt entscheidend.
Ein wichtiger Begriff der Teilkostenrechnung ist der Deckungsbei-trag. Der Deckungsbeitrag ergibt sich aus dem Verkaufspreis pro Stück abzüglich der variablen Stückkosten. Wie der Begriff schon sagt, hilft der Deckungsbeitrag den Fixkostenblock zu decken!

In der Teilkostenrechnung gibt es keine Unterscheidung bei der Erfassung der Kosten, lediglich bei der Verrechnung.

Zeitbezüge der Rechengrößen

Istkosten = tatsächlich angefallene Kosten einer Periode, die alle Preis- und Leistungsschwankungen beinhalten; erfolgt nach dem Vorgang der Leistungserstellung (Periodenende).

Normalkosten = leiten sich aus durchschnittlichen Werten vergangener Rechnungsperioden ab, hier sind die Schwankungen bereits eliminiert.

Plankosten = verwendet die für die Zukunft erwarteten oder angestrebten Kostengrößen bei ordnungsgemäßem Betriebsablauf. Oft findet zwischen den so errechneten Sollgrößen und den später tatsächlich entstandenen Istkosten eine Kostenkontrolle in Form eines Soll-Ist-Vergleichs statt.
Da bei der Gestaltung eines Systems der Kosten- und Leistungsrechnung sowohl eine Entscheidung über Art und Ausmaß der Kostenverrechnung als auch über den Zeitbezug der verwendeten Kostengrößen getroffen werden muss, sind insgesamt sechs Kombinationen möglich.

	Istkostenrechnung	Normalkostenrechnung	Plankostenrechnung
Vollkostenrechnung	Ist-Vollkostenrechnung	Normal-Vollkostenrechnung	Plan-Vollkostenrechnung
Teilkostenrechnung	Ist-Teilkostenrechnung	Normal-Teilkostenrechnung	Plan-Teilkostenrechnung

Zusätzlich zu diesen sechs Gestaltungsmöglichkeiten der Kosten- und Leistungsrechnung sind davon noch Mischformen möglich und in der Praxis häufig anzutreffen. So werden beispielsweise die Kosten der eingesetzten Roh- und Betriebsstoffe oft mit den Ist-Preisen, aber zu durchschnittlichen Verbrauchsmengen (anstatt den Ist-Mengen) ermittelt.

Die Ist-Vollkostenrechnung stellt die traditionelle Form der Kosten- und Leistungsrechnung dar. Im Zentrum steht hier die Nachkalkulation, bei der man alle in einer Abrechnungsperiode (Monat, Quartal, Jahr) angefallenen Kosten auf die Erzeugnisse verrechnet.

Verrechnungs- und Festpreis

Neben der Bewertung der Materialverbrauchsmenge mit den Anschaffungskosten ist auch die Verwendung von Verrechnungs- und Festpreisen möglich. Bei diesem Verfahren wird ein, über längere Zeit feststehender Verrechnungswert aus den durchschnittlichen Marktpreisen und unter Berücksichtigung der künftig erwarteten Preise ermittelt. Damit werden Wertschwankungen ausgeschaltet. Eine Anpassung des Verrechnungs- bzw. Festpreises erfolgt nur bei sich langfristig ändernden Marktverhältnissen. Durch Verwendung von Verrechnungs- und Festpreisen wird eine konstante Kalkulation ermöglicht.

Wiederbeschaffungswert

Der Wiederbeschaffungswert ist gleichbedeutend mit dem Tageswert am Beschaffungsmarkt zum Wiederbeschaffungszeitpunkt. Bei Bewertung der Materialverbrauchsmenge mit dem Wiederbeschaffungspreis bzw. -wert werden demnach die Anschaffungskosten zum jeweiligen Zeitpunkt angesetzt.

Kostenartenrechnung

Die Kostenartenrechnung stellt fest, welche Kosten in einer Abrechnungsperiode angefallen sind. Sie liefert somit die Basisinformationen für die Kostenstellen- und die Kostenträgerrechnung. Aus diesem Grund erfolgt eine Einteilung der Kosten nach dem Verursachungsprinzip.

Ein Großteil der Kosten lässt sich direkt aus vorgelagerten Teilbereichen des betrieblichen Rechnungswesens übernehmen (Finanz-, Material-, Lohn- und Gehaltsbuchhaltung). Es handelt sich dabei größtenteils um aufwandsgleiche Kosten, den sogenannten Grundkosten, die unverändert in die Kostenartenrechnung übernommen werden können. Es sind dabei allerdings eventuelle zeitliche Abgrenzungen zu beachten, die bei Bedarf gemacht werden müssen. Hinzu kommen noch kalkulatorische Kosten, denen in der Finanzbuchhaltung kein Aufwand, den sogenannten Zusatzkosten, oder Aufwand in anderer Höhe, den sogenannten Anderskosten, gegenübersteht.

Da Kosten definitionsgemäß, den bewerteten Verzehr von Produktionsfaktoren darstellen, geht die Kostenerfassung in zwei Schritten vor:

1. Ermittlung des Mengengerüstes
2. Ermittlung des Wertgerüstes

Ermittlung des Mengengerüstes

Der mengenmäßige Verbrauch der Produktionsfaktoren steht im Vordergrund. Verbräuche werden in Vorsystemen ermittelt (beispielsweise über die Materialwirtschaft) und über entsprechende Schnittstellen an das Rechnungswesen übergeben.

Ermittlung des Wertgerüstes

Hier geht es um die kaufmännische Verbrauchsbewertung. Diese Wertansätze werden teilweise aus der Buchhaltung übernommen, teilweise aber auch durch kalkulatorische Größen ersetzt.

Hier sind vor allem die folgenden zu nennen:

- Kalkulatorische Zinsen
- Kalkulatorische Abschreibungen
- Kalkulatorische Wagnisse
- Kalkulatorischer Unternehmerlohn

Kosten nach unterschiedlichen Kriterien

2. Kostenverrechnung

In diesem Abschnitt geht es um Auswahl und Anwendung der Verfahren zur Verrechnung der Kosten auf betriebliche Funktionsbereiche und Leistungen.

2.1 Grundsätze der Kostenzurechnung

Grundsätze der zweckgebundenen Zuordnung

Prinzipiell unterliegt die Kosten- & Leistungsrechnung keinerlei gesetzlichen Vorschriften. Die Unternehmen sind daher frei in der Gestaltung und dem Aufbau der Kostenrechnung. Es handelt sich hier lediglich um praxisorientierte Handlungsempfehlungen.

Der Sinn und Zweck der KLR liegt darin, aussagefähige Auswertungen der betrieblichen Vorgänge abbilden zu können sowie unternehmenspolitische Entscheidungen treffen und zielorientiert lenken zu können.

Hierzu werden folgende Prinzipien angewendet:

Prinzip der Wirtschaftlichkeit

Um in einem Unternehmen fundierte wirtschaftliche Entscheidungen treffen zu können, ist es in der KLR äußerst wichtig, möglichst genaue und vollständige Daten abrufen zu können.

Vollständig bedeutet in dem Fall, dass es sich um genaue, realistische, vollständig und termingerecht gebuchte Daten handeln muss.

Zudem muss auch abgewogen werden, ob dem Aufwand die Kosten exakt gegenüberstehen oder ob diese ungleich sind und vor alle dem, ob sie dem Betriebszweck dienen. Es müssen aus diesem Blickwinkel sinnvolle Grenzen abgesteckt werden.

Vollständigkeitsprinzip

Unabhängig von tatsächlich erfolgten Ausgaben und Einnahmen müssen in der KLR alle Kosten und Leistungen berücksichtigt werden. Demnach werden auch die kalkulatorischen Kosten in Form von Zusatzkosten (wie z.B. kalkulatorische Miete = bei betrieblich kostenfrei genutzten Privaträumen, kalkulatorischer Unternehmerlohn) oder in Form von Anderskosten (wie kalkulatorische Miete = bei vergünstigter Anmietung bspw. durch Familienverhältnisse, kalkulatorische Wagnisse, kalkulatorische Zinsen) erfasst.

Periodenprinzip

Unter periodenfremden Größen versteht man Erträge oder Aufwendungen, die einer anderen Periode angehören. Beispielsweise eine Steuerrückerstattung oder eine Steuernachzahlung aus einer Prüfung der Vorjahre (üblicherweise bezogen auf einen Zeitraum von drei Jahren).

Stetigkeitsprinzip

Eine einmal gewählte Darstellung und Struktur der Kostenarten, Kostenstellen und Kostenträger sollte aufgrund des Stetigkeitsprinzips beibehalten werden. Damit ist eine Vergleichbarkeit der verschiedenen Perioden gewährleistet. Des Weiteren müssen Kosten, die einmalig im Jahr anfallen wie z.B. Urlaubsgeld oder Weihnachtsgeld gleichmäßig über die einzelnen Rechnungsperioden wie Monat oder Quartal verteilt werden.

Einteilung der Kosten

Die Einteilung der Kosten nach unterschiedlichen Kriterien erfolgt in der Kostenartenrechnung. Dabei werden alle bei der Leistungserstellung entstandenen Kosten vollständig und systematisch in den Kostenarten erfasst. Wir stellen uns hierzu die Frage „Welche Kosten sind angefallen?“.

Grundlage der Kostenartenrechnung ist die Ergebnistabelle, in der alle Kosten nach den Kriterien Grundkosten, Anderskosten und Zusatzkosten vollständig erfasst werden.

Grundkosten

Diese stellen Kosten dar, die in der Finanzbuchhaltung wie auch in der Kosten- und Leistungsrechnung in gleicher Höhe anfallen und direkt übertragen werden.

Anderskosten

Sind Kosten, die zwar dem Grunde nach auch von der Finanzbuchhaltung in die Kosten- und Leistungsrechnung übernommen werden, allerdings in unterschiedlicher Höhe. Hier kommt zu dem tatsächlich entstandenen Anteil noch ein kalkulatorischer Anteil, der auch kleiner sein kann als der bilanzielle Wert. Beispielsweise bei Abschreibungen oder Zinsen, bei denen die geringeren Werten dann angesetzt werden.

Kalkulatorische Abschreibungen

Hier handelt es sich um Kosten, die die tatsächliche Wertminderung der Anlagen erfassen und in der Selbstkosten- und Betriebsergebnisrechnung verrechnet werden. Sofern sie über die Marktpreise abgegolten werden, beeinflussen sie das Gesamtergebnis positiv. - Bilanzmäßige Abschreibungen stellen dagegen Aufwand in der Gesamtergebnisrechnung der Finanzbuchhaltung dar und werden meist nach steuerlichen Gesichtspunkten bemessen. Sie beeinflussen die Wertansätze des Anlagevermögens in der Bilanz.

Kalkulatorische Zinsen

An dieser Stelle sind Kosten für die Nutzung des betriebsnotwendigen Kapitals gemeint. Ihre Verrechnung ermöglicht eine gleichmäßige Belastung der Abrechnungsperioden mit Zinskosten. In den Umsatzerlösen werden die Zinsen dem Unternehmen vergütet. - Die gezahlten Fremdkapitalzinsen stellen Aufwand dar. In der Abgrenzungsrechnung werden sie den verrechneten kalkulatorischen Zinsen gegenübergestellt.

Kalkulatorische Wagnisse

Anstelle der tatsächlich eingetretenen Wagnisverluste werden in der Kosten- und Leistungsrechnung kalkulatorische Wagniszuschläge für die betreffenden Einzelrisiken ermittelt und verrechnet. Die Verrechnung von konstanten kalkulatorischen Wagniszuschlägen führt zu einer gleichmäßigen und anteiligen Belastung der Abrechnungsperioden mit Wagnisverlusten und eliminiert somit die Zufallseinflüsse aus der Selbstkosten- und Betriebsergebnisrechnung.

Zusatzkosten

Unter dem Begriff Zusatzkosten versteht man Kosten, die nicht in der Finanzbuchhaltung enthalten sind, die aber in die Kosten- und Leistungsrechnung übernommen werden. Beispielsweise kalkulatorische Miete bei der Nutzung von betrieblich kostenfrei genutzten Privaträumen oder dem kalkulatorischen Unternehmerlohn.

Kalkulatorische Miete

Stellen Gesellschafter von Personengesellschaften oder Einzelunternehmer ihrem Unternehmen Privatgrundstücke oder –gebäude unentgeltlich zur Verfügung dann sollte in die Verkaufspreiskalkulation dennoch ein kalkulatorischer Anteil an Miete einfließen. Beispielsweise würde hier bei einer Nutzung des Erdgeschosses des eigenen Wohnhauses als Büroräume in der Kosten- und Leistungsrechnung eine kalkulatorische Miete mit eingerechnet werden. Kalkulatorische Mieten stellen Opportunitätskosten dar, die den entgangenen Mietertrag widerspiegeln.

Kalkulatorischer Unternehmerlohn

Bei Personengesellschaften wird unabhängig vom Unternehmensgewinn für die Arbeitskraft mitarbeitender Gesellschafter ein Unternehmerlohn angesetzt und in die Preise einkalkuliert. - In Kapitalgesellschaften werden Gehälter der Vorstandsmitglieder / Geschäftsführer in der FiBu als Aufwand gebucht; in die KLR gehen sie dann als Kosten ein.

Die Gliederung der gesamten Kosten kann wie folgt vorgenommen werden:

- Einteilung nach der Art der verbrauchten Produktionsfaktoren wie Materialkosten, Personalkosten, Betriebsmittelkosten, Kapitalkosten und Fremdleistungskosten
- Einteilung nach Betriebsfunktion wie Beschaffungs-, Lagerhaltungs-, Fertigungs-, Verwaltungs- und Vertriebs-Kosten
- Einteilung nach dem Grad der Mengenverrechnung wie Gesamtkosten, Sortenkosten und Stückkosten
- Einteilung nach der Zurechenbarkeit der Kosten zu den Leistungen wie Einzelkosten, Gemeinkosten oder Sondereinzelkosten
- Einteilung nach der Verrechenbarkeit der Kosten auf Beschäftigungsveränderungen
-

Zu beachten ist dabei, dass eine Einteilung z. B. nach der Art der verbrauchten Produktionsfaktoren nicht eine weitere Einteilung z. B. nach der Zurechenbarkeit der Kosten zu den Leistungen ausschließt, da für unternehmenspolitische Entscheidungen unterschiedliche Auswertungen von Bedeutung sind und herangezogen werden müssen.

Einteilung nach der Reagibilität

Reagibilität beschreibt grundsätzlich die Fähigkeit, sehr sensibel auf Schwankungen zu reagieren; in diesem Zusammenhang betrachten wir das Verhalten der Kosten auf Beschäftigungsschwankungen.

Kapazität, Beschäftigung, Beschäftigungsänderung

Unter der Kapazität versteht man das vollumfängliche Leistungsvermögen, in einem bestimmten Zeitabschnitt eine bestimmte maximale Leistungsmenge (Produktionsmenge, Ausbringung) eines Unternehmens.
Die Beschäftigung zeigt die tatsächliche Auslastung der betrieblichen Kapazität in absoluten Zahlen an und ist demnach eine Bezugsgröße für die Nutzung der im Unternehmen bestehenden Produktionskapazitäten. Diese kann in Mengen- und Zeiteinheiten gemessen werden.
Der Beschäftigungsgrad ist eine Kennzahl, welche das Verhältnis zwischen Beschäftigung und Kapazität noch einmal in einer Prozentzahl ausdrückt. Anders gesagt, wird hiermit die Auslastung beschrieben.
Eine Beschäftigungsänderung, also eine Änderung der Kapazitätsauslastung, führt unmittelbar zu einer Veränderung der Kosten und des Gewinns.

Abgrenzungsrechnung der Rechnungskreise

In der Abgrenzungsrechnung in Form der Ergebnistabelle werden sämtliche Aufwendungen und Erträge aus der Gewinn- und Verlustrechnung in den Rechnungskreis I übernommen und mit den Werten aus der Kosten- und Leistungsrechnung abgeglichen bzw. abgeleitet.
Ziel ist es, neben dem nach Handelsrecht ermittelten Gewinn (Rechnungskreis I) ein aussagefähiges Betriebsergebnis herzuleiten, von dem aus die Ertragskraft des Leistungserstellungsprozesses besser beurteilt werden kann. Der Kosten- und Leistungsbereich bildet somit Rechnungskreis II.

2.2 Verrechnung der Kosten auf Kostenstellen

Ziele der Kostenverrechnung

Der gesamte Prozess von der Kostenartenrechnung über die Kostenstellenrechnung bis hin zur Kostenträgerrechnung wird als Kostenverrechnung bezeichnet. Dabei soll eine möglichst genaue und zutreffende Zuordnung der angefallenen Kosten auf die Kostenträger vorgenommen werden.

Prozess der Kostenverrechnung

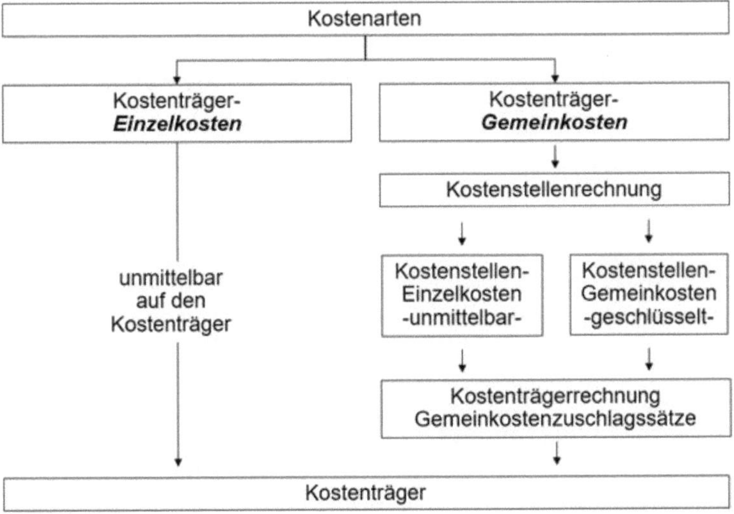

Grundsätze der Kostenverrechnung

Die Verrechnung der Kosten auf die einzelnen Kostenträger kann nachfolgenden unterschiedlichen Prinzipien erfolgen:

Verursachungsprinzip

Bei Anwendung des Verursachungsprinzips werden einem Kostenträger nur dann Kosten zugerechnet, wenn sie von diesem direkt verursacht werden. Dieser unmittelbare Zusammenhang zwischen entstandenen Kosten und der Produktion einer Leistungseinheit ist lediglich bei den variablen Kosten nachzuweisen, die fixen Kosten fallen unabhängig von der Leistungserstellung an. Aus diesem Grund ist eine Zurechnung von fixen Kosten nach dem Verursachungsprinzip nicht möglich, denn es können nur die variablen Kosten dem Kostenträger direkt zugeordnet werden.

Durchschnittsprinzip

Das Durchschnittsprinzip führt mittels Division der Kosten durch die Produktionsmenge zu einer gleichmäßigen Verteilung der Kosten auf die Leistungseinheiten. Bei einem Mehrproduktunternehmen werden die Kosten dem Kostenträger mittels einer Schlüsselung zugerechnet.

Proportionalitätsprinzip

Sollen die Kosten nach dem Proportionalitätsprinzip auf die Kostenträger verteilt werden, so müssen Bezugsgrößen ermittelt werden, die sich proportional zu den entsprechenden Kosten verhalten (z. B. Mengeneinheiten – Kosten für Fertigungsmaterial je Liter, Fertigungszeiten – Kosten für Fertigungslöhne je Stunde).

Tragfähigkeitsprinzip

Bei Anwendung des Tragfähigkeitsprinzips erfolgt die Verteilung der Kosten nach der jeweiligen Belastbarkeit der unterschiedlichen Kostenträger. Dabei werden einem Kostenträger mit z. B. hohem Deckungsbeitrag, Umsatz oder Marktpreis (= Indizien für Belastbarkeit) mehr Kosten zugerechnet als einem Kostenträger mit entsprechend geringerem

Deckungsbeitrag, Umsatz bzw. Marktpreis. Da ein unmittelbarer Zusammenhang zwischen den Kosten und der Höhe der Belastbarkeitskriterien wohl fraglich ist und somit eine willkürliche Verteilung der Kosten auf die Kostenträger erfolgt, ist die Anwendung des Tragfähigkeitsprinzips sehr problematisch.

Kostenstellenrechnung

Die Kostenstellenrechnung bildet das Bindeglied zwischen der Kostenartenrechnung und der Kostenträgerrechnung. Die Aufgabe der Kostenstellenrechnung liegt in der Verteilung der Gemeinkosten.
Auf der ersten Stufe der Kostenartenrechnung wurde eine Gliederung nach Einzelkosten (einem Kostenträger direkt zurechenbaren Kosten) und den Gemeinkosten (einem Kostenträger nicht direkt zurechenbaren Kosten) vorgenommen. Da die Einzelkosten bereits verursachungsgerecht zugeordnet werden konnten, geht es nun in der zweiten Stufe um die Umlegung der Gemeinkosten auf Kostenstellen. So können diese verursachungsgerecht auf die Kostenträger verteilt werden.

Wir befassen uns hier mit der Frage *„Wo sind die Kosten (Gemeinkosten) entstanden?“*.
Der Kostenstellenrechnung kommt innerhalb der Kosten- und Leistungsrechnung eine zentrale Bedeutung zu. Ihre Aufgabe besteht zum einen in der Ermittlung von Kalkulationssätzen, die eine verursachungsgerechte Verrechnung der Gemeinkosten auf die Produkte ermöglichen, zum anderen liefert sie Informationen über die Höhe der in den einzelnen Kostenstellen eines Unternehmens entstandenen Kosten.

Aufgaben der Kostenstellenrechnung:

- Verteilung der primären Gemeinkosten aus der Kostenartenrechnung auf die Kostenstellen im Betrieb (anteilig nach Verteilungsschlüsseln bzw. Belegen)
- Verrechnung von innerbetrieblichen Leistungen (Sekundärkostenverrechnung)
- Vorbereitung der Kalkulation durch Ermittlung von Gemeinkostenzuschlagssätzen und anteiliger Zurechnung der Gemeinkosten auf die Kostenträger (sofern eine Beanspruchung der Kostenstelle durch den Kostenträger stattfindet)
- Überwachung und Kontrolle der Wirtschaftlichkeit in den einzelnen Tätigkeits- und Verantwortungsbereichen (Soll–Istvergleich bzw. Zeitvergleich)

Kostenstellen sind Bereiche des Unternehmens, die kostenrechnerisch zusammengefasst und abgerechnet werden:
Die Bildung der Kostenstellen kann nach drei unterschiedlichen Kriterien erfolgen:

- nach betrieblichen Funktionen,
- nach Verantwortungsbereichen,
- nach räumlichen Gesichtspunkten.

In der Praxis findet man in der Regel die Kostenstellenbildung nach **betrieblichen Funktionen**. Die Aufteilung des Betriebes in Abteilungen mit gleichartigen Arbeitsgängen (Fertigung, Beschaffung, Verwaltung und Vertrieb) gewährleistet, dass in diesen Abteilungen in gleichem Maße Gemeinkosten anfallen. Dies ist Voraussetzung für eine verursachungsgerechte Gemeinkostenverrechnung.

Die Kostenstellenbildung nach Verantwortungsbereichen empfiehlt sich dann, wenn die Wirtschaftlichkeitskontrolle Hauptzweck der Kosten-

und Leistungsrechnung sein soll. Unter produktionstechnischen Gesichtspunkten werden Haupt-, Neben- und Hilfskostenstellen unterschieden. In den Hauptkostenstellen werden die Produkte hergestellt, die für den Absatzmarkt bestimmt sind.

Die Nebenkostenstellen stehen ebenfalls im Dienste der Leistungserstellung, doch werden in ihnen nicht die Kosten der Hauptleistungen (bringen Hauptkostenstellen hervor, z.B. Produkt), sondern der Nebenleistungen (bringen Nebenkostenstellen hervor, die eine Tätigkeit leisten, die in den Hauptkostenstellen genutzt wird) erfasst. Typische Nebenkostenstellen sind beispielsweise die betriebseigene Konstruktionsabteilung oder die betriebseigene Werkzeugmacherei.

Hilfskostenstellen tragen nur mittelbar zum Gütererstellungsprozess bei. Sie erbringen lediglich innerbetriebliche Leistungen für andere Kostenstellen und geben demnach auch ihre Kosten an diese ab. Typische Hilfskostenstellen sind beispielsweise die betriebseigene Kantine, die betriebseigene Reparaturwerkstatt.

Die Kostenstellenbildung in Anlehnung an die betrieblichen Funktionen ergibt folgende vier Hauptkostenstellen:
Materialkostenstelle umfasst Bereiche wie z.B. Beschaffung, Prüfung, Lagerung, Pflege, Ausgabe und Versicherung der Werk-stoffe.
Fertigungskostenstelle beinhaltet die Bereiche des direkten Produktionsprozesses wie Montage, Dreherei, Schleiferei.
Verwaltungskostenstelle umfasst alle Bereiche des Managements, des Rechnungswesens und der Personalabteilung sowie die sonstige allgemeine Verwaltung.
Vertriebskostenstelle beinhaltet die Funktionsbereiche der Lagerung, Verpackung, des Verkaufs und des Versandes der Produkte sowie des Marketings.

Unter abrechnungstechnischer Sicht unterscheidet man auch zwischen Vor- und Endkostenstellen. Hauptkostenstellen entsprechen den Endkostenstellen, da ihre Leistungen direkt in das Endprodukt (beispielsweise Gabelstapler) eingehen. Hilfskostenstellen sind meist Vorkostenstellen, deren Kosten im Rahmen der Kostenstellenrechnung auf andere Vor- und Endkostenstellen umgelegt werden. Die Kosten der Endkostenstellen werden direkt auf die Kostenträger (Produkt) verrechnet.

Die Kostenstellenbildung nach **räumlichen Gesichtspunkten** ist beispielsweise dann sinnvoll, wenn die Unternehmensleitung zu einem späteren Zeitpunkt noch zusätzliche Räumlichkeiten benötigt bzw. anmietet und diese dann nicht mehr in direkter Nähe sind.

Der Betriebsabrechnungsbogen (BAB)

Nach der innerbetrieblichen Leistungsverrechnung weist die Kostenstellenrechnung im Grunde nur noch Kosten für die Endkostenstellen aus. Die mithilfe des BAB errechneten Gemeinkosten pro Kostenstellen müssen nun den verschiedenen Kostenträgern zugeschlagen werden, da diese die Kostenstellen beansprucht und somit die Kosten verursacht haben.

Die Aufgaben der Kostenstellenrechnung werden im Wesentlichen durch den BAB erfüllt, der einstufig und auch mehrstufig sein kann. Dabei werden in tabellarischer Form die Kostenarten (zeilenweise) und die Kostenstellen (spaltenweise) aufgeführt. Der Betriebsabrechnungsbogen hat folgende Funktionen:

- Primärkostenverrechnung (Übernahme und Verteilung der primären Gemeinkosten auf die Kostenstellen)
- Sekundärkostenverrechnung (Verrechnung des innerbetrieblichen Leistungsaustausches zwischen den Kostenstellen)
- Ermittlung von Gemeinkostenzuschlagssätzen

- Kostenkontrollrechnung (Ermittlung von Kostenstellenüber- bzw. Kostenstellenunterdeckungen durch Gegenüberstellung von Normal- und Ist-Gemeinkosten)

Primärkostenverrechnung
Unter Primärkostenverrechnung versteht man die Verteilung der primären Kosten (= aus der Kostenartenrechnung in die Kostenstellenrechnung übernommene, von „außen" bezogene Kosten) auf die Kostenstellen. Dabei muss zwischen Kostenstelleneinzelkosten und Kostenstellengemeinkosten unterschieden werden. Als Kostenstelleneinzelkosten werden, die den einzelnen Kostenstellen direkt zuordenbaren Gemeinkosten bezeichnet (z. B. Gehalt eines Kostenstellenleiters oder Kosten einer in dieser Kostenstelle stehenden Maschine), dagegen spricht man von Kostenstellengemeinkosten, wenn eine direkte Zurechnung der Gemeinkosten auf Kostenstellen nicht möglich ist, da sie für mehrere Kostenstellen gemeinsam anfallen (z. B. Gehalt des Werksleiters oder Kosten des Werksgebäudes). Die Verteilung dieser Kosten auf die Kostenstellen erfolgt nach einem bestimmten Schlüssel.

Sekundärkostenverrechnung – innerbetriebliche Leistungsverrechnung
Erbringt ein Betrieb Leistungen zur Verwendung bzw. zum Verbrauch innerhalb des Betriebes, ist also keine Veräußerung dieser Leistungen an Dritte vorgesehen, so spricht man von innerbetrieblichen Leistungen (z. B. Leistungen der Energie- und Wasserversorgung, Haustechnik, Kantine usw.). In diesem Fall ist der Betriebsabrechnungsbogen, um Hilfskostenstellen zu erweitern (mehrstufiger Betriebsabrechnungsbogen).

Die Umlage der primären Kosten der Hilfskostenstellen führt bei den empfangenden Kostenstellen zu sekundären Kosten (= Kosten für den Verbrauch von innerbetrieblichen Leistungen). Die Gesamtkosten einer empfangenden Kostenstelle setzen sich daher aus primären und sekundären Kosten zusammen. Ziel der Umlage ist es, die Kosten der Hilfskostenstellen auf die Hauptkostenstellen zu verlagern, sodass nach Durchführung der innerbetrieblichen Leistungsverrechnung die Hilfskostenstellen keine Kosten mehr tragen und die Hauptkostenstellen entsprechend der Inanspruchnahme der innerbetrieblichen Leistungen mit den Kosten belastet werden.

Die Kosten für die von den Hilfskostenstellen erbrachten Leistungen werden über die innerbetriebliche Leistungsverrechnung auf die Kostenstellen umgelegt, die Leistungen empfangen.

Anbauverfahren

Das Anbauverfahren (Blockverfahren) ist das einfachste, jedoch gleichzeitig auch das ungenaueste Verfahren der innerbetrieblichen Leistungsverrechnung, da jeglicher Leistungsaustausch zwischen den Hilfskostenstellen vollkommen vernachlässigt wird. Die primären Kosten der Hilfskostenstellen werden unmittelbar im Verhältnis der an die Hauptkostenstellen gelieferten Leistungen an diese weiterverrechnet. Die Ermittlung der Verrechnungssätze für die innerbetrieblichen Leistungen erfolgt demnach durch Division der primären Gemeinkosten der Hilfskostenstellen durch die an die Hauptkostenstellen abgegebenen Leistungen.
Beispiel: in Unternehmen hat ein eigenes Elektrizitätswerk, dessen Leistungen an die zwei Hauptkostenstellen Fertigung und Montage abgegeben werden. In der Hilfskostenstelle E-Werk fallen in der Zeit Kosten von 2.500 Euro an.
Es gibt folgende Leistungsverflechtungen: Insgesamt werden an Strom 10.000 kWh erzeugt, davon entfallen 6.000 kWh auf die Fertigung und 4.000 kWh auf die Montage. - Der Verrechnungs-satz wird wie folgt ermittelt:
2.500 Euro / 10.000 kWh = 0,25 Euro pro kWh

Die Anwendung des Anbauverfahrens ist nur sinnvoll, wenn die Leistungsbeziehungen zwischen den Hilfskostenstellen gering sind. Sofern ein bedeutender Leistungsaustausch stattfindet, ist das Anbauverfahren eine ungeeignete Methode der innerbetrieblichen Leistungsverrechnung, da die Verrechnungssätze von Hilfskostenstellen, die viele Leistungen von anderen Hilfskostenstellen empfangen und wenig Leistungen an diese abgeben, künstlich reduziert und im umgekehrten Fall künstlich in die Höhe getrieben werden.

Stufenleiterverfahren

Das Stufenleiterverfahren gehört ebenso wie das Anbauverfahren zu den nicht exakten Verfahren der innerbetrieblichen Leistungsverrechnung. Dabei bleiben zwar nicht wie beim Anbauverfahren sämtliche Leistungsbeziehungen zwischen den Hilfskostenstellen außen vor, es ermöglicht jedoch lediglich eine einseitige Kostenumlage und der in der Praxis übliche gegenseitige Leistungsaustausch wird bei Anwendung des Stufenleiterverfahrens nicht berücksichtigt.

Aus diesem Grund sollten bei innerbetrieblicher Leistungsverrechnung nach dem Stufenleiterverfahren die Hilfskostenstellen so nacheinander angeordnet werden, dass am Anfang die Hilfskostenstellen stehen, die nur geringe Leistungen von anderen Hilfskostenstellen empfangen, aber viele Leistungen an andere abgeben. Im Umkehrschluss stehen am Ende die Hilfskostenstellen, die kaum Leistungen an andere Hilfskostenstellen abgeben, sondern vorwiegend Leistungen von diesen empfangen. Die Genauigkeit des Stufenleiterverfahrens erhöht sich demnach, wenn der Umfang der Leistungsrückflüsse möglichst gering ist.

Mathematisches Gleichungsverfahren

Während das Anbauverfahren den gegenseitigen Leistungsaustausch zwischen Hilfskostenstellen gar nicht und das Stufenleiterverfahren diesen nur teilweise berücksichtigt, gehen beim mathematischen Gleichungsverfahren (Simultanverfahren) sämtliche gegenseitige Leistungsbeziehungen in die Berechnung der Verrechnungssätze ein. Es ist daher das exakteste Verfahren der innerbetrieblichen Leistungsverrechnung. Das mathematische Gleichungsverfahren beruht auf dem „Input = Output"-Prinzip, es muss daher bei jeder Kostenstelle der Wert der an andere Kostenstellen abgegebenen Leistungen und der selbst verbrauchten eigenen Leistungen der Summe aus primären und sekundären Kosten dieser Kostenstelle entsprechen.

Für die Berechnung der Verrechnungssätze wird für jede am Leistungsaustausch beteiligte Kostenstelle eine Gleichung aufgestellt (Wert Input = Wert Output), wobei die jeweiligen Verrechnungssätze gesucht und die jeweiligen Mengenleistungen bekannt sind (Anzahl der unbekannten Verrechnungssätze = Anzahl der aufzustellenden Gleichungen).

Die Ermittlung von Gemeinkostenzuschlagssätzen

Die Umrechnung der Gemeinkosten auf die Kostenträger geschieht mithilfe der Gemeinkostenzuschlagssätze. Die in der Praxis und Theorie am weitesten verbreiteten Kalkulationssätze sind:

- Materialgemeinkostenzuschlagssatz
- Fertigungsgemeinkostenzuschlagssatz
- Verwaltungsgemeinkostenzuschlagssatz
- Vertriebsgemeinkostenzuschlagssatz

Kostenstellen Betriebsabrechnungbogen				
Gemeinkosten	**Material**	**Fertigung**	**Verwaltung**	**Vertrieb**
Hilfsstoffe, Betriebsstoffe, Gehälter	Diese Kosten müssen verursachungsgerecht verteilt werden!			
Summe der Gemeinkosten	Summe der Materialgemeinkosten	Summe der Fertigungsgemeinkosten	Summe der Verwaltungsgemeinkosten	Summe der Vertriebsgemeinkosten
Summe der Gemeinkosten				
Zuschlagsgrundlage (=100%)	Fertigungsmaterial (FM)	Fertigungslöhne (FL)	Herstellkosten (HK)	Herstellkosten (HK)
Zuschlagssätze	(MGK x 100) / FM	(FGK x 100) / Fl	(VwGK x 100) / HK des Umsatzes	(VtGK x 100) / HK des Umsatzes

Materialgemeinkostenzuschlagssatz

Im Materialbereich wird im Allgemeinen für die Materialgemeinkosten die Höhe der verbrauchten Materialeinzelkosten als Bezugsbasis verwendet. Dies führt zur Berechnung des Materialgemeinkostenzuschlagssatzes.

FORMEL:

(Materialgemeinkosten / Materialeinzelkosten) x 100

Fertigungsgemeinkostenzuschlagssatz

So auch für den Fertigungsgemeinkostenzuschlagssatz.

FORMEL:

(Fertigungsgemeinkosten / Fertigungseinzelkosten) x 100

Verwaltungsgemeinkostenzuschlagssatz

Als Zuschlagsbasis für die Verwaltungsgemeinkosten werden in der Regel die Herstellkosten (HK) der Abrechnungsperiode verwendet.

FORMEL:

(Verwaltungsgemeinkosten / HK des Umsatzes) x 100

Vertriebsgemeinkostenzuschlagssatz

Für den Vertriebsgemeinkostenzuschlagssatz werden die Herstellkosten des Umsatzes als Zuschlagsbasis verwendet, da nicht die gesamte Produktion, sondern nur die angesetzten Güter als „Verursacher" dieser Gemeinkosten angenommen werden.

FORMEL:

(Vertriebsgemeinkosten / HK des Umsatzes) x 100

2.3 Kostenträgerrechnung

Selbstkosten, Stückerfolg und Angebotspreis

Die Kostenträgerrechnung ist die dritte Stufe im System der Kostenrechnung. Sie übernimmt die Einzelkosten aus der Kostenartenrechnung und die Gemeinkosten aus der Kostenstellenrechnung. Zusätzlich werden die Leistungen (Erlöse) der Kostenträger erfasst, sodass der Erfolg ermittelt werden kann.

Ein Kostenträger ist all das, was an betrieblichen Leistungen oder Produkten erstellt wird. In der Kostenträgerrechnung werden den einzelnen Kostenträgern Kosten zugerechnet, die zuvor in der Kostenartenrechnung erfasst und in der Kostenstellenrechnung zum Teil weiterverrechnet wurden. In der Kostenträgerrechnung wird somit deutlich, wofür die Kosten innerhalb eines Betriebes anfallen.

Die Hauptaufgabe der Kostenträgerrechnung besteht damit in der Ermittlung von Angebotspreisen und kostenrechnerischen Preisuntergrenzen. Daneben dient sie der Bestimmung interner Verrechnungspreise und hilft bei der Bewertung von Beständen an Halb- und Fertigerzeugnissen. Außerdem ermöglicht sie die Ermittlung von Perioden- und Stückerfolgen und dient der Überwachung des Unternehmungserfolgs. Damit ist sie ein wesentliches Instrument der Informationsbeschaffung für die Produktprogrammpolitik im Unternehmen.

Kostenträgerstückrechnung

In der Kostenträgerstückrechnung werden die anteiligen Kosten auf das einzelne Erzeugnis oder auf einen bestimmten Auftrag verrechnet. Die Kalkulation lässt sich als Vor- und Nachkalkulation durchführen.

Mithilfe der Kostenträgerstückrechnung werden die anteiligen Kosten auf das einzelne Erzeugnis oder auf einen bestimmten Auftrag verrechnet. Die Kalkulation lässt sich als Vor- und Nachkalkulation durchführen.

Mithilfe der Kostenträgerstückrechnung können beispielsweise folgende Fragen beantwortet werden:

- Zu welchem Mindestpreis muss ein Produkt angeboten werden, damit alle Kosten gedeckt sind?
- Welcher Erlös muss für ein Produkt erzielt werden, damit ein gewünschter Gewinn erwirtschaftet wird?
- Wie hoch dürfen die Materialkosten, die Fertigungskosten, die Herstellkosten maximal sein, damit das Produkt zu dem von der Konkurrenz angebotenen Preis (und/oder eventuell knapp da-runter) verkauft werden kann?
- Deckt der auf der Vorkalkulation basierende Angebotspreis die tatsächlichen Kosten, die über die Nachkalkulation festgestellt werden? (Und bietet damit auch eine gewisse Kontrollfunktion in der Soll-/Ist-Rechnung oder im Soll-/Ist-Vergleich.)
- Mit welchem Wert sind die Inventurbestände an unfertigen und fertigen Erzeugnissen sowie innerbetrieblichen Eigenleistungen in der Schlussbilanz zu bewerten?

Einprodukt-Unternehmen

Unter einem Einprodukt-Unternehmen versteht man ein Unternehmen, das lediglich ein einziges Produkt in Massenfertigung herstellt (z. B. Elektrizitätswerk, Wasserwerk, Zementfabrik usw.). Zur Ermittlung der Herstellkosten bzw. Selbstkosten einer Leistungseinheit (= Kostenträger) findet in Einprodukt-Unternehmen die Divisionskalkulation Anwendung, wobei hier eine Aufteilung der Kosten in Einzel- und Gemeinkosten sowie die Verteilung der Gemeinkosten auf Kostenstellen entfällt.

Divisionskalkulation

Das in der Handhabung einfachste Kalkulationssystem stellt die Divisionsrechnung dar. Bei ihr werden die Kosten je Kostenträgereinheit ermittelt, indem man die gesamten Kosten einer Rechnungsperiode durch die Zahl der erstellten Leistungseinheiten des Kostenträgers dividiert. Je nach Zahl der berücksichtigten Produktionsstufen unterscheidet man zwischen einstufiger und mehrstufiger Divisionsrechnung.

Ferner kann man nach Anzahl der erstellten Produktarten zwischen einfacher und mehrfacher Divisionsrechnung differenzieren. Grundsätzlich liefert die Divisionskalkulation nur in einem „Ein-Produkt"-Unternehmen zuverlässige Ergebnisse.

Einstufige Divisionskalkulation

Die einstufige Divisionskalkulation kann nur angewandt werden, wenn in einer Abrechnungsperiode eines Einproduktbetriebes die abgesetzte Menge genauso groß wie die produzierte Menge ist, also keine Bestandsveränderungen an Halb- und Fertigfabrikaten auftreten. In diesem Fall werden die Selbstkosten je Leistungseinheit (z. B. Stück, Gewicht, Volumen) durch Division der gesamten in der Abrechnungsperiode angefallenen Kosten, durch die in dieser Periode produzierte Menge ermittelt.

Beispiel: *Die Gesamtkosten eines Transportunternehmens in einem Monat betragen 155.000 Euro. Die gefahrenen Kilometer in diesem Monat belaufen sich auf 70.454. Kosten je Kilometer berechnen sich also wie folgt:*
155.000 Euro / 70.454 Kilometer = 2,20 Euro pro Kilometer

Mehrstufige Divisionskalkulation

In der Regel entspricht die Produktionsmenge einer Abrechnungsperiode nicht der Absatzmenge, es treten also Bestandsveränderungen (Bestandsmehrung = Produktionsmenge > Absatzmenge, Bestandsminderung = Produktionsmenge < Absatzmenge) auf. In diesem Fall müssen die Gesamtkosten in Herstellkosten, Verwaltungs- und Vertriebsgemeinkosten unterteilt und verursachungsgerecht der Produktions- bzw. Absatzmenge zugerechnet werden.

Dabei gilt: Die Herstellkosten fallen ausschließlich bei der Produktion an, sie werden daher nur auf die produzierte Menge verteilt. Dagegen beziehen sich die Verwaltungs- und Vertriebsgemeinkosten auf die abgesetzte Menge, eine Zurechnung erfolgt daher nur auf die Absatzmenge.

Dabei wird die Absatzmenge wie nachstehend bestimmt:
Absatzmenge = Produktionsmenge + Bestandsminderungen - Bestandsmehrungen

Die mehrstufige Divisionskalkulation wird ebenfalls angewandt, wenn die Fertigung eines Produktes in mehreren Produktionsstufen (PS) erfolgt und Bestandsveränderungen bei Halbfabrikaten auftreten (→ Produktionsmenge der Produktionsstufe 1 ≠ Produktionsmenge, die in Produktionsstufe 2 einfließt). Die Selbstkosten je Leistungseinheit werden durch Division der Herstellkosten der jeweiligen Produktionsstufe durch die Produktionsmenge dieser Produktionsstufe und anschließende Addition der Teilergebnisse ermittelt. Die Verwaltungs- und Vertriebsgemeinkosten dürfen nur auf die abgesetzte Menge verteilt werden.

Beispiel für zweistufige Divisionskalkulation: *Ein Unternehmen hat im ersten Quartal eine Produktionsmenge von 10.000 Stück; die Absatzmenge dieses Quartals liegt bei 8.000 Stück. Die Gesamtkosten des Quartals betragen 100.000 Euro inklusive 20.000 Euro für Verwaltungs- und Vertriebskosten.*

Frage: Wie hoch sind die Stückkosten?

Herstellkosten = Selbstkosten – Verwaltungs- u. Vertriebskosten

$$\text{Stückkosten} = \frac{\text{HK}}{\text{x (prod.)}} + \frac{(\text{VwK} + \text{VtK})}{\text{x (absatz)}}$$

$$\text{Stückkosten} = \frac{\text{80.000 Euro}}{\text{10.000 Stück}} + \frac{\text{20.000 Euro}}{\text{8.000 Stück}}$$

Stückkosten k = 10,50 Euro
Die Selbstkosten pro Stück betragen 10,50 Euro.
Genauso ist diese Vorgehensweise auch für die mehrstufige Divisionskalkulation anwendbar.

Sortenfertigung

Sortenfertigung liegt vor, wenn ein Unternehmen gleichartige Produkte zumeist in Massenfertigung herstellt, z. B. Schokolade, Bier (jeweils mit unterschiedlicher Geschmacksrichtung), Stahlbleche, Kabel, Papier (jeweils mit verschiedenen Stärken). Kennzeichnend für gleichartige Produkte ist die artverwandte Herstellung sowie die Verwendung des gleichen oder eines ähnlichen Rohstoffes; lediglich bei sekundären Produktmerkmalen (z. B. Abmessungen, Qualität oder Format) treten Unterschiede auf.

Die Fertigung der unterschiedlichen Sorten kann gleichzeitig oder nacheinander erfolgen, alle Sorten können die gleiche Produktionsanlage durchlaufen. Die Herstellkosten bzw. Selbstkosten einer Leistungseinheit je Sorte werden in Betrieben mit Sortenfertigung mithilfe der Äquivalenzziffernkalkulation ermittelt. Diese baut auf der Divisionskalkulation auf, wurde jedoch für Mehrproduktbetriebe weiterentwickelt.

Einstufige Äquivalenzziffernkalkulation

Da bei der Sortenfertigung die Produkte in der Art der Herstellung und ihrer stofflichen Zusammensetzung sehr ähnlich sind, kann auch bei der Kostenverursachung von einer gewissen Ähnlichkeit ausgegangen werden. Die Kosten der einzelnen Sorten müssten sich daher in einem bestimmten Verhältnis zueinander verhalten.

Die Äquivalenzziffernkalkulation gleicht die Kostenunterschiede der verschiedenen Sorten, welche sich z. B. durch unterschiedliche Bearbeitungszeiten, Qualität, Gewicht oder des Rohstoffverbrauchs ergeben, durch Einbeziehung von Verhältniszahlen, den so genannten Äquivalenzziffern, aus. Die Kosten der dadurch rechnerisch gleichwertigen Produkte können dann durch Anwendung der Divisionskalkulation ermittelt werden.

Im Einzelnen erfolgt die Ermittlung der Selbstkosten je Leistungseinheit und insgesamt von jeder Sorte in folgenden Schritten:

1. **Bestimmung der Äquivalenzziffern:**
   Festlegung einer Sorte als Standardsorte (= Äquivalenzziffer 1), Berechnung der Äquivalenzziffern der anderen Sorten je nach Grad der Kostenbeanspruchung in Relation zur Standardsorte (z.B. Kosten Sorte X = 20% höher als Kosten der Standardsorte A = Äquivalenzziffer der Sorte X = 1,2)
2. **Umrechnung in gleichwertige Recheneinheiten:**
   Multiplikation der Produktionsmenge jeder Sorte mit der jeweiligen Äquivalenzziffer
3. **Ermittlung der Kosten je Recheneinheit:**
   Division der Gesamtkosten der Abrechnungsperiode durch die Summe der Recheneinheiten
4. **Berechnung der Stückkosten je Sorte:**
   Multiplikation der Kosten je Recheneinheit mit der Äquivalenzziffer jeder Sorte (= Stückkosten der Standardsorte = Kosten je Recheneinheit)
5. **Ermittlung der Gesamtkosten je Sorte:**
   Multiplikation der Stückkosten je Sorte mit der jeweiligen Produktionsmenge je Sorte (Summe Gesamtkosten je Sorte = Gesamtkosten der Abrechnungsperiode)

Wie bei der einstufigen Divisionskalkulation setzt auch die einstufige Äquivalenzziffernkalkulation voraus, dass keine Bestandsveränderungen an Halb- und Fertigfabrikaten auftreten.

Beispiel: *Eine Ziegelei stellt drei verschiedene Sorten von Ziegeln her. Die Kosten stehen in einem Verhältnis von 0,5 : 1,0 : 1,5. Im Januar werden von der Sorte A 30.000 Stück, von der Sorte B 40.000 Stück und von der Sorte C 50.000 Stück gebrannt. Die Gesamtkosten der Rechnungsperiode betragen 600.600,00 Euro.*
Ermitteln Sie die Kosten pro Ziegelsorte.
LÖSUNG:
Zunächst werden die Produktionsmengen der verschiedenen Ziegelsorten mithilfe der Äquivalenzziffern in eine Einheitssorte umgerechnet.
Sorte A: 30.000 Stück x 0,5 = 15.000 Stück
Sorte B: 40.000 Stück x 1,0 = 40.000 Stück
Sorte C: 50.000 Stück x 1,5 = 75.000 Stück

Gesamtmenge: 130.000 Stück

Anschließend werden die Gesamtkosten durch die Menge der Einheitssorte dividiert.
600.600,00 Euro / 130.000 Stück = 4,62 Euro pro Stück.

Die Selbstkosten je Stück werden ermittelt, indem die Stückkosten der Einheitssorte mit der jeweiligen Äquivalenzziffer multipliziert werden.

Sorte A: 4,62 Euro/Stück x 0,5 = 2,31 Euro/Stück
Sorte B: 4,62 Euro/Stück x 1,0 = 4,62 Euro/Stück
Sorte C: 4,62 Euro/Stück x 1,5 = 6,93 Euro/Stück

Mit diesen Werten können nun die Gesamtkosten je Ziegelsorte errechnet werden:

Sorte A: 30.000 Stück x 2,31 Euro/Stück = 69.300,00 Euro
Sorte B: 40.000 Stück x 4,62 Euro/Stück = 184.800,00 Euro
Sorte C: 50.000 Stück x 6,93 Euro/Stück = 346.500,00 Euro

Mehrstufige Äquivalenzziffernkalkulation

Entspricht die Produktionsmenge nicht der Absatzmenge (= Bestandsveränderung an Fertigfabrikaten) oder erfolgt die Fertigung der Produkte in mehreren Produktionsstufen mit Auf- bzw. Abbau von Zwischenlagern (= Bestandsveränderung an Halbfabrikaten), werden die Selbstkosten je Leistungseinheit und insgesamt von jeder Sorte analog der mehrstufigen Divisionskalkulation mithilfe der mehrstufigen Äquivalenzziffernkalkulation ermittelt.

Dabei wird für jede Fertigungsstufe eine eigene Reihe von Äquivalenzziffern gebildet, die Kosten dieser Stufe werden entsprechend der einstufigen Äquivalenzziffernkalkulation ermittelt. Durch anschließende Addition der Teilergebnisse ergeben sich die Selbstkosten je Leistungseinheit und insgesamt jeder Sorte.

Kuppelproduktion

Fällt bei der Herstellung eines Produktes technologisch bedingt mindestens ein weiteres Produkt an, handelt es sich um eine Kuppelproduktion. Dabei wird unterschieden zwischen der primären Verbundenheit (naturgesetzlich) wie z. B. der Verkokung von Kohle, wo neben Koks auch Gas entsteht oder dem Raffinieren von Erdöl, wo neben Benzin auch Gase und Teerprodukte anfallen, und der sekundären Verbundenheit (wirtschaftliche Verwertung) wie z. B. der Stromproduktion, bei der auch Abwärme anfällt.

Eine verursachungsgerechte Zurechnung der Herstellkosten auf die einzelnen Kuppelprodukte ist aufgrund der gemeinsam anfallenden Kosten des Kuppelproduktionsprozesses nicht möglich, daher erfolgt die Kostenverteilung nach dem Tragfähigkeitsprinzip, wobei eine gewisse Willkür in Kauf genommen werden muss.

Die Kostenverteilung kann nachfolgenden Methoden durchgeführt werden:

- Restwertmethode
- Verteilungsmethode

Restwertmethode

Entsteht bei der Kuppelproduktion ein Hauptprodukt und ein oder mehrere Nebenprodukte, werden die Stückkosten des Hauptproduktes mithilfe der Restwertmethode ermittelt.

Dabei wird unterstellt, dass der Verkauf der Nebenprodukte lediglich kostendeckend erfolgt, die Herstellkosten der Nebenprodukte sollen also genauso hoch sein wie die zu erzielenden Nettoerlöse (Verkaufspreis abzüglich Weiterverarbeitungskosten). Verursachen Nebenprodukte hingegen Vernichtungskosten, weil sie am Markt nicht abgesetzt werden können (= Abfallprodukte), erhöhen diese Kosten die Kuppelproduktionskosten. Die Herstellkosten des Hauptproduktes erhält man, indem man die Nettoerlöse der Nebenprodukte von den Gesamtkosten subtrahiert.

Die Restmethode oder Restwertrechnung kann nur in Betrieben angewendet werden, die ein Hauptprodukt und ein oder mehrere Nebenprodukte herstellen (Kuppelproduktion). In diesem Fall werden von der Summe der Selbstkosten die Erlöse aus dem Verkauf der Kuppelprodukte abgezogen. Die verbleibenden Selbstkosten entfallen auf das Hauptprodukt.
Die Restwertrechnung beachtet nicht das Kostenverursachungsprinzip. Bei sinkenden Erlösen für die Nebenprodukte werden mehr Kosten auf das Hauptprodukt verrechnet. Bei steigenden Erlösen für die Nebenprodukte sinken die Kosten für das Hauptprodukt. Geht man davon aus, dass das Unternehmensziel allein die Herstellung des Hauptprodukts ist, dann werden die Erlöse für die Nebenprodukte lediglich „mitgenommen“. Unter diesem Gesichtspunkt ist die Kalkulationsmethode vertretbar.

Beispiel für die Anwendung der Restwertmethode bei einem Hauptprodukt und zwei Nebenprodukten:
Ein Unternehmen stellt ein Hauptprodukt und zwei Nebenprodukte in Kuppelproduktion her. Vom Hauptprodukt wurden im Monat Januar 5.000 t zum Verkaufspreis von insgesamt 500.000 Euro abgesetzt. Vom Nebenprodukt A wurden 2.000 t für insgesamt 120.000 Euro und vom

Nebenprodukt B 1.000 t für insgesamt 45.000 Euro abgesetzt. Die Gesamtkosten der Kuppelproduktion für den gleichen Zeitraum beliefen sich auf 490.000 Euro. Für die Weiterverarbeitung von Nebenprodukt A sind 100.000 Euro und für die Weiterverarbeitung von Nebenprodukt B sind 40.000 Euro angefallen.

Produkt	Menge in t	Erlös gesamt in Euro	Kosten der Weiterverarbeitung in Euro	Erlös je t
Hauptprodukt	5.000	500.000		100
Nebenprodukt A	2.000	120.000	100.000	60
Nebenprodukt B	1.000	45.000	40.000	45
Gesamtkosten der Kuppelproduktion				490.000
- Erlöse Nebenprodukt A			120.000 - 100.000 = 20.000	
- Erlöse Nebenprodukt B			45.000 - 40.000 = 5.000	25.000
= Herstellkosten gesamt des Hauptprodukts				465.000
Herstellkosten je t des Hauptprodukts (465.000 / 5.000)				93

Verteilungsmethode

Gehen aus einem Kuppelproduktionsprozess mehrere Hauptprodukte hervor, erfolgt die Ermittlung der Herstellkosten eines jeden Hauptproduktes anhand der Verteilungsmethode. Hierbei wird unterstellt, dass sich die Herstellkosten proportional zu den erzielbaren Marktpreisen der Kuppelprodukte verhalten. Man wählt daher die Marktpreise als Äquivalenzziffern, die Verteilung der Herstellkosten erfolgt anschließend analog der einstufigen Äquivalenzziffernkalkulation.

Problematisch ist bei beiden Methoden der Kuppelkalkulation die unmittelbare Abhängigkeit der Herstellkosten eines Hauptproduktes von den erzielbaren Marktpreisen (Restwertmethode: Marktpreise der Nebenprodukte höher → Herstellkosten des Hauptproduktes niedriger; Verteilungsmethode: Marktpreis Hauptprodukt A höher → Herstellkosten Hauptprodukt A höher). Ein direkter Zusammenhang zwischen Erlösen und Kosten dürfte aber wohl fraglich sein.

Handelsbetriebe

Handelsbetriebe sind Dienstleistungsbetriebe, deren wirtschaftliche Tätigkeit im Wesentlichen darin besteht, Waren zu beschaffen und diese anschließend unverändert oder ohne wesentliche Bearbeitung wieder zu verkaufen.
Bezogen auf die Abnehmerkreise erfolgt eine Unterteilung in Einzelhandelsbetriebe (Letztverbraucher) und Großhandelsbetriebe (andere Unternehmen). In Abhängigkeit vom räumlichen Betätigungsfeld wird zwischen Binnenhandelsbetrieben (Beschaffung und Absatz vorwiegend im Inland) und Außenhandelsbetrieben (Beschaffung und/oder Absatz vorwiegend grenzüberschreitend) unterschieden.

Handelskalkulation

Im Handelsbetrieb wird üblicherweise die Zuschlagskalkulation angewendet. Bei Verzicht auf eine Kostenstellenrechnung werden die Gemeinkosten des gesamten Handelsbetriebs auf die Einzelkosten, sprich den Wareneinsatz, aufgeschlagen.
Werden für einzelne Warengruppen Kostenstellen gebildet, so erhält jede Warengruppe einen eigenen Handlungsgemeinkostenzuschlag. Die Kalkulation der Warenpreise im Handel umfasst drei Schritte.

Bezugskalkulation

„Wie groß ist der Einstandspreis der Ware?“

Selbstkostenermittlung

„Wie hoch sind zusätzlich die eigenen Kosten?“

Verkaufskalkulation

„Welcher Verkaufspreis muss für die Ware verlangt werden?“

Schema zur Handelskalkulation

Listeneinkaufspreis
- Liefererrabatt
= **Zieleinkaufspreis**
- Lieferskonto
= **Bareinkaufspreis**
+ Bezugskosten
= **Bezugspreis**
+ Handlungskosten
= **Selbstkosten**
+ Gewinn
= **Bareinkaufspreis (geminderter Grundwert)**
+ Kundenskonto
+ Vertreterprovision
= **Zieleinkaufspreis (geminderter Grundwert)**
+ Kundenrabatt
= **Listenverkaufspreis**

Vorwärts-, Rückwärts- und Differenzkalkulation

Bei der Vorwärtskalkulation geht man davon aus, dass alle Größen des Kalkulationsschemas abgesehen vom Listenverkaufspreis nicht beeinflussbar sind. Somit erfolgt ausgehend vom Listeneinkaufspreis (vorwärts von oben nach unten) die Ermittlung des mindestens zu fordernden Listenverkaufspreises.

Ist der Listenverkaufspreis konkurrenzbedingt oder nachfragebedingt vorgegeben und sind auch die anderen Größen des Kalkulationsschemas nicht beeinflussbar, wird anhand der Rückwärtskalkulation (von unten nach oben) der maximal zu akzeptierende Listeneinkaufspreis ermittelt.

Kann weder der Listeneinkaufspreis noch der Listenverkaufspreis beeinflusst werden, erfolgt die Ermittlung des Gewinns mittels der Differenzkalkulation. Dabei werden die Selbstkosten gemäß der Vorwärtskalkulation (von oben nach unten) und der Barverkaufspreis anhand der Rückwärtskalkulation (von unten nach oben) berechnet. Die Differenz aus Selbstkosten und Barverkaufspreis ist der Gewinn.

Kalkulationszuschlag, Kalkulationsfaktor und Handelsspanne

Da die Preisermittlung anhand des Handelskalkulationsschemas zeitaufwändig ist, werden insbesondere in der Praxis zur Vereinfachung der Kalkulation folgende Kennzahlen angewandt:

Kalkulationszuschlag

Der Kalkulationszuschlag gibt an, um wieviel Prozent der Listenverkaufspreis über dem Bezugspreis liegt (Bezugspreis entspricht 100 %). Er dient der Bestimmung der Preisuntergrenze des Listenverkaufspreises.

	Netto-Listenpreis	900,00	Euro
-	Rabatt 10%	90,00	Euro
=	**Netto-Zieleinkaufspreis**	**810,00**	**Euro**
-	Skonto 2%	16,20	Euro
=	**Netto-Bareinkaufspreis**	**793,80**	**Euro**
+	Bezugskosten (124,00 Euro / 20 Stück)	6,20	Euro
=	**Einstandspreis**	**800,00**	**Euro**

Kalkulationsfaktor

Die Multiplikation des Bezugspreises mit dem Kalkulationsfaktor ermöglicht in einem Schritt die Ermittlung des Listenverkaufspreises.

Verkaufspreis / Bezugspreis = Kalkulationsfaktor

oder

Kalkulationszuschlag / 100 + 1 = Kalkulationsfaktor

Handelsspanne

Die Handelsspanne sagt aus, um wieviel Prozent der Bezugspreis unter dem Listenverkaufspreis liegt (Listenverkaufspreis entspricht 100 %). Sie wird zur Berechnung von Preisobergrenzen beim Wareneinkauf bei gegebenem Listenverkaufspreis herangezogen.

Mehrproduktbetriebe

Mehrproduktbetriebe sind Unternehmen, welche verschiedene Produkte gleichzeitig oder nacheinander herstellen. Erfolgt die Produktion als Einzelfertigung (z. B. Schiffbau, Brückenbau usw.) oder Serienfertigung (z. B. Elektrogeräte, Möbel, Autos usw.), werden die Herstellkosten bzw. Selbstkosten einer Leistungseinheit mittels der Zuschlagskalkulation ermittelt. Hierbei werden die Einzelkosten dem Kostenträger unmittelbar und die Gemeinkosten anhand von Gemeinkostenzuschlagssätzen anteilig zugerechnet.

Summarische Zuschlagskalkulation

Bei der summarischen Zuschlagskalkulation werden die gesamten (= kumulierten) Gemeinkosten auf eine Zuschlagsbasis - in der Regel die Gesamtsumme der Einzelkosten - bezogen und somit über einen einzigen Zuschlagssatz auf die Kostenträger verrechnet. Dieser Zuschlagssatz wird dabei folgendermaßen berechnet:

Summe der Gemeinkosten dividiert durch die Summe der Einzelkosten multipliziert mit 100.

$$\text{Zuschlagssatz} = \frac{\text{Summe der Gemeinkosten}}{\text{Summe der Einzelkosten x 100}}$$

Die summarische Zuschlagskalkulation, vor allem angewandt in Kleinbetrieben, ist die einfachste, aber auch ungenaueste Form der Zuschlagskalkulation, da jedem Kostenträger pauschal der gleiche Prozentsatz an Gemeinkosten zugerechnet wird. Dies genügt dem Kostenverursachungsprinzip nicht bzw. nur bedingt. Da aufgrund der kumulativen Gemeinkostenverrechnung die Ermittlung von Herstellkosten - insbesondere notwendig für die Bewertung von Halb- und Fertigfabrikaten - nicht möglich ist, kommt die Anwendung der summarischen Zuschlagskalkulation für Industriebetriebe nicht in Betracht.

Differenzierte Zuschlagskalkulation

Um eine möglichst genaue und verursachungsgerechte Zurechnung der Gemeinkosten auf die Kostenträger zu erreichen, erfolgt bei der differenzierten Zuschlagskalkulation eine Verteilung der Gemeinkosten auf die funktional gegliederten Kostenstellen Material, Fertigung, Verwaltung und Vertrieb und somit eine differenzierte Ermittlung von Gemeinkostenzuschlagssätzen. Für die Anwendung der differenzierten

Zuschlagskalkulation mit Maschinenstundensatzrechnung

In der Zuschlagskalkulation werden die Fertigungsgemeinkosten auf die Fertigungslöhne bezogen. Diese Vorgehensweise führt bei überwiegend manuellen Produktionsverfahren zu verursachungsgerechten Zuschlagssätzen.

Werden Produkte aufgrund zunehmender Rationalisierung und Automatisierung jedoch überwiegend mithilfe maschineller Anlagen hergestellt, verlieren die Fertigungslöhne als Bezugsgröße für die Fertigungsgemeinkosten an Bedeutung.

In diesen Fällen empfiehlt es sich, die Maschinen als selbstständige Kostenstelle zu behandeln und die maschinenabhängigen Kosten aus den gesamten Fertigungskosten herauszurechnen. Nur die dann verbleibenden Restgemeinkosten werden auf die Fertigungslöhne bezogen.

Folgende Kosten werden im Allgemeinen zu den maschinenabhängigen Fertigungsgemeinkosten gezählt:

- Kalkulatorische Abschreibung
- Kalkulatorische Zinsen
- Instandhaltungskosten
- Energiekosten
- Anteilige Raumkosten
- Maschinenabhängige Personalkosten
-

Die maschinenabhängigen Fertigungsgemeinkosten einer Periode werden als Summe erfasst und anschließend durch die gesamte Stundenzahl der Maschinenlaufzeit dieser Periode dividiert. Als Ergebnis erhält man den **Maschinenstundensatz**:
maschinenabhängige Kosten / Maschinenlaufzeit

Der Maschinenstundensatz ist die Kalkulationsgröße, die die maschinenabhängigen Kosten je nach zeitlicher Beanspruchung der Maschine dem Kostenträger zugerechnet werden.

3. Kostenträgerzeitrechnung

In diesem Abschnitt lernen Sie Methoden zur kurzfristigen Erfolgsrechnung für betriebliche Analyse- und Steuerungszwecke kennen.
Die Kostenträgerzeitrechnung dient der laufenden Überwachung der Wirtschaftlichkeit des Unternehmens. Während die GuV-Rechnung sich immer auf ein ganzes Geschäftsjahr bezieht, werden in der Kostenträgerzeitrechnung die Kosten und Leistungen kürzerer Perioden gegenübergestellt. Deshalb wird die Kostenträgerzeitrechnung auch kurzfristige Erfolgsrechnung genannt. Ihr Ziel ist die Ermittlung des Betriebsergebnisses (in Abgrenzung zum Unternehmensergebnis).
Die abgesetzte Menge an Produkten stimmt meist nicht mit der produzierten Menge überein. Um jedoch in der kurzfristigen Erfolgsrechnung zu aussagefähigen Ergebnissen zu kommen, müssen die Bestandsveränderungen berücksichtigt werden. Das bedeutet, dass die Kosten und Erlöse einer Periode einander gegenübergestellt werden müssen.

3.1 Kurzfristige Erfolgsrechnung der Gewinn- & Verlustrechnung

Die Gewinn- und Verlustrechnung kann auf zwei mögliche Arten aufgestellt werden: Mit zugrunde gelegtem Gesamtkostenverfahren oder dem Umsatzkostenverfahren.

Gesamtkostenverfahren

Das Gesamtkostenverfahren (GKV) ist dadurch gekennzeichnet, dass die gesamten Kosten der Periode (gegliedert nach Kosten-arten) den Erlösen der Periode gegenübergestellt werden. Da die Gesamtkosten der Periode nicht durch die verkauften Produkte allein verursacht sein müssen, werden auch die Bestandsveränderungen bei den unfertigen und fertigen Erzeugnissen sowie die innerbetrieblichen Eigenleistungen berücksichtigt.

Umsatzkostenverfahren (UKV)

Im Gegensatz zum Gesamtkostenverfahren, bei dem die gesamten produzierten Leistungen und deren Kosten betrachtet werden, werden beim Umsatzkostenverfahren nur die Erlöse und Kosten der abgesetzten Leistungen einander gegenübergestellt. Bestandsveränderungen müssen deshalb nicht berücksichtigt werden. Dabei sind nicht nur die Erlöse, sondern auch die Kosten nach Produktarten bzw. Produktgruppen zu berücksichtigen.

Als Vorteil des UKV ist anzusehen, dass keine Erfassung der Bestände an Halb- und Fertigprodukten erforderlich ist. Außerdem lassen sich Erfolgsgrößen für einzelne Produkte bzw. Produktgruppen ermitteln (z.B. Jahresüberschuss oder Umsatzerlöse). Damit werden Informationen für Entscheidungen über das Produktionsprogramm und eine produktorientierte Erfolgsanalyse zur Verfügung gestellt. Als Nachteil bleibt anzumerken, dass das Umsatzkostenverfahren nur schwierig in das System der doppelten Buchführung eingebaut werden kann. Für eine echte Erfolgsanalyse kann das UKV nur dann uneingeschränkt verwendet werden, wenn es als Teilkostenrechnung konzipiert ist.

3.2 Vollkosten- und Teilkostenrechnung

Man unterscheidet zwischen Vollkosten- und Teilkostenrechnung im Sinne der Kostenarten.
In der Vollkostenrechnung wird keine Unterscheidung zwischen beschäftigungsabhängigen (variablen) und beschäftigungsunabhängigen (fixen) Kosten vorgenommen. Dies ist problematisch, da bestimmte Kosten auf die Produktionsmenge verrechnet werden, die eigentlich völlig unabhängig vom Ausmaß der Produktionsmenge sind.
Bei kurzfristig zu treffenden Entscheidungen sind zumeist nur die variablen Kosten relevant (Teilkostenrechnung). Langfristig gesehen müssen auch die fixen Kosten berücksichtigt werden, da ein Unternehmen nur bei voller Deckung der gesamten Kosten bestehen kann. Die Kostenkontrolle sowie die Betriebsergebnisrechnung werden durch die Vollkostenrechnung ermöglicht.

Vollkostenrechnung

Unter Vollkostenrechnung versteht man die Kostenrechnungssysteme, bei denen sämtliche Kosten, also alle Einzelkosten und alle Gemeinkosten, auf die Kostenträger verrechnet werden. Bei den jeweiligen Einzelkosten ist eine Zuordnung problemlos möglich. Die Gemeinkosten -insbesondere der fixe Anteil- können jedoch nicht verursachungsgerecht auf die Kostenträger verteilt werden, da die im Betriebsabrechnungsbogen ermittelten Gemeinkostenzuschlagssätze auf dem Durchschnittsprinzip beruhen und eigentlich nur für einen bestimmten Beschäftigungsgrad gültig sind (z.B. ist die Fixkostenverteilung bei Beschäftigungsänderung nicht mehr korrekt). Diese mehr oder weniger willkürliche Verteilung der Fixkosten führt aufgrund der sich ergeben-den Ungenauigkeiten oft zu unternehmerischen Fehlentscheidungen.

Teilkostenrechnung

Im Rahmen der Teilkostenrechnung wird lediglich ein Teil der an-gefallenen Kosten - in der Regel die Einzelkosten oder die variablen Kosten - auf die Kostenträger verrechnet; die Gemeinkosten bzw. die fixen Kosten werden als „Block" in die Betriebsergebnis-rechnung übernommen. Bedenkt man, dass Fixkosten unabhängig von der Beschäftigungssituation, selbst bei Stillstand der Anlage, anfallen muss ein nach Gewinn strebendes UN bei Unterbeschäftigung selbst dann einen Auftrag annehmen, wenn nur die variablen Kosten gedeckt werden. Decken die Verkaufserlöse noch einen Teil der Fixkosten, dann führt dieser positive Deckungsbeitrag zu einer Verbesserung des Betriebsergebnisses.

Deckungsbeitrag db = Verkaufspreis p - variable Kosten k_{var}

Bei der Teilkostenrechnung werden nur die variablen Kosten auf die Kostenträger verrechnet, da nur diese Kosten durch die Produktion zusätzlich verursacht werden. Diese Grenzkostenbetrachtung führt dazu, dass dem UN bei einer Unterbeschäftigungssituation für Verkaufsverhandlungen eine Untergrenze gesetzt wird. Jeder realisierbare Marktpreis über den variablen Kosten erhöht das Betriebsergebnis.
Der Deckungsbeitrag pro Stück, darf jedoch nicht dem Gewinn pro Stück gleichgesetzt werden. Gewinne entstehen erst, wenn die Fixkosten durch die Deckungsbeiträge voll gedeckt sind.

Deckungsbeitragsrechnung

Die Kostenrechnungssysteme der Teilkostenrechnung wurden entwickelt, um unter anderem die Nachteile der Vollkostenrechnung aufzuarbeiten. Die bedeutsamsten
Systeme der Teilkostenrechnung sind:

- die einstufige Deckungsbeitragsrechnung und
- die mehrstufige Deckungsbeitragsrechnung.

Einstufige Deckungsbeitragsrechnung

In der einstufigen Deckungsbeitragsrechnung werden die Kosten in variable und fixe Kosten aufgeteilt. Die Beschäftigung ist die einzige flexible Kosteneinflussgröße. Die variablen Kosten sind proportional abhängig von der Beschäftigung. In der Teilkostenrechnung werden den Kostenträgern nur die variablen Kosten zugerechnet. Die Zurechnung erfolgt nach dem Verursachungsprinzip. Die fixen Kosten werden nicht den Kostenträgern zugerechnet, sondern für das gesamte Unternehmen in einer Summe zusammengefasst.

In der Kostenträgerzeitrechnung werden von den Umsatzerlösen zunächst die variablen Kosten abgezogen, woraus sich das Bruttoergebnis (Bruttodeckungsbeitrag) ergibt. Im Anschluss wird vom Bruttoergebnis der Fixkostenblock abgezogen, um das Nettoergebnis der Periode zu errechnen. Die variablen Kosten werden meist detailliert mit dem Verkaufspreis verrechnet (variable Einzelkosten der Fertigung), während die Fixkosten nur als Blockgröße abgerechnet werden. Die Fixkosten erfahren somit keine mehrstufige, detaillierte Abrechnung, was auch zu der Be-nennung des Kostenrechnungssystems „einstufige Deckungsbeitragsrechnung“ geführt hat.

Produkt 1	Produkt 2	Produkt 3
Erlöse	Erlöse	Erlöse
+ Variable EK	+ Variable EK	+ Variable EK
+ Variable EK	+ Variable EK	+ Variable EK
= Deckungsbeitrag 1	= Deckungsbeitrag 2	= Deckungsbeitrag 3

Bruttoergebnis (Gesamtdeckungsbeitrag aller Produktarten)
- Fixkosten der Periode des Unternehmens
Nettoergebnis

Mit der Kostenträgerzeitrechnung lassen sich vor allem folgende Fragen klären:

- Welche Produktart ist hinsichtlich ihres Deckungsbeitrages wirtschaftlich sinnvoll?
- Wie viel Produktionseinheiten müssen produziert werden, bis die Gewinnzone erreicht ist?

Die Kostenträgerzeitrechnung der einstufigen Deckungsbeitragsrechnung wird stets als Umsatzkostenverfahren durchgeführt, d.h. den Erlösen werden nur die Kosten der abgesetzten Menge gegenübergestellt.

Die Kostenartenrechnung der einstufigen Deckungsbeitragsrechnung ermittelt für die variablen Gemeinkosten die Zuschlagssätze. Die fixen Gemeinkosten werden direkt an den Fixkostenblock weitergegeben. Zur Ermittlung der Herstellkosten wird grundsätzlich das gleiche Kalkulationsschema wie in der Vollkostenrechnung angewendet, allerdings wird in der Teilkostenrechnung nur mit variablen Kosten kalkuliert. Zur Feststellung des Deckungsbeitrags wird retrograd kalkuliert. Dies bedeutet nichts anderes, als dass vom Verkaufspreis die Herstellkosten abgezogen werden, um den Deckungsbeitrag zu ermitteln.

Stückdeckungsbeitrag db = Absatz p - variable Stückkosten k_{var}

Es werden auch oft Soll – Deckungsbeiträge vorgegeben, was bedeutet, dass von unten nach oben gerechnet werden muss. Da der Markt den Unternehmen meist wenig Spielraum bei der Gestaltung der Absatzpreise lässt, wird versucht, durch Rationalisierungsmaßnahmen die Herstellkosten zu drücken, um den Soll – Deckungsbeitrag zu realisieren.

Mehrstufige Deckungsbeitragsrechnung

Die mehrstufige Deckungsbeitragsrechnung ist ein erweitertes Verfahren der einstufigen Deckungsbeitragsrechnung, die deren Nachteile vermeiden soll. Denn in der einstufigen Deckungsbeitragsrechnung werden die Fixkosten als ein Block vom Bruttoergebnis (Summe der Deckungsbeiträge) abgezogen. Dies hat den Nachteil, dass keine Analyse der Fixkosten möglich ist. Fixkosten sind zwar von Beschäftigungsschwankungen unabhängig, sie sind jedoch bis zu einem gewissen Grad bestimmten Erzeugnisarten, Erzeugnisgruppen oder Bereichen zuordenbar.

Beispiele:

Fixkosten einzelner Erzeugnisarten: Fixkosten, die nur mit einer Erzeugnisart in Verbindung stehen, BSP: Patentkosten, Ab-schreibungen auf eine Spezialmaschine für die Herstellung dieses Erzeugnisses.

Fixkosten einzelner Erzeugnisgruppen: Fixkosten, die durch die Existenz einer Erzeugnisgruppe entstehen, BSP: Mietkosten für eine Fertigungshalle, in der nur die Erzeugnisse der Erzeugnis-gruppe hergestellt werden.

Fixkosten einzelner Betriebsbereiche oder Kostenstellen: Fixkosten, die durch die Existenz des Unternehmensbereiches oder der Kostenstelle entstehen, BSP: Gehalt des Kostenstellenleiters.

Die mehrstufige Deckungsbeitragsrechnung gibt durch diese stufenweise Erfolgsermittlung einen besseren Einblick in die Erfolgsstruktur des Unternehmens Es wird ersichtlich, inwieweit die einzelnen Produkte und Produktgruppen über die Deckung der selbst verursachten Fixkosten hinaus auch noch zur Deckung der allgemeinen Fixkosten des Unternehmens sowie zur Gewinnerzielung beitragen. Die Fixkostendeckungsrechnung liefert damit auch hilfreiche Informationen zur Wirtschaftlichkeit einzelner Produkte und Produktgruppen.

4. Entscheidungshilfen zur Lösung unterschiedlicher Problemstellungen

Die Teilkostenrechnung lässt sich sehr gut für eine Reihe von betrieblichen Entscheidungssituationen einsetzen. Die Gebiete ihrer Anwendung sind vor allem:

- Break-even-Analyse
- Ermittlung von Preisuntergrenzen & Zusatzaufträgen
- Engpassrechnung (optimales Produktionsprogramm)
- Treffen von Entscheidungen zu Eigenfertigung oder Fremdbezug (Outsourcing).

4.1 Break-Even-Analysen

Die Break-even-Analyse erlaubt es dem Unternehmen, die Absatzmenge zu ermitteln, bei der die Gesamtkosten durch die Gesamterlöse gerade gedeckt sind, also weder ein Gewinn noch ein Verlust erzielt wird. Diese kritische Absatzmenge ist die Gewinnschwellenmenge bzw. der Break-even-Point (BEP).
Folgende Grundgedanken liegen der Break-even-Analyse zu Grunde:

- Wenn nichts produziert und verkauft wird, erzielt das Unter-nehmen einen Verlust in Höhe der fixen Kosten, da diese unab-hängig von der Beschäftigung anfallen.
- Sobald etwas produziert und verkauft wird, fallen neben den fixen Kosten auch variable Kosten an und es werden Umsatzer-löse erzielt.
- Da im Normalfall der Verkaufspreis über den variablen Stückkos-ten liegt, trägt jedes verkaufte Stück in Höhe der Differenz von Verkaufspreis und den variablen Stückkosten (= Stückdeckungs-beitrag db) zur Deckung der fixen Kosten bei.

- Die Gewinnschwelle ist erreicht, wenn die fixen Kosten durch die Summe der Stückdeckungsbeiträge gedeckt sind.

Einstufige Break-even-Analyse

Da bei der Gewinnschwellenmenge die erzielten Umsatzerlöse genauso hoch sind wie die bei der Produktion angefallenen Kosten, wird im Einproduktbetrieb der Break-even-Point durch Gleichsetzen der Erlösfunktion E(x) mit der Kostenfunktion K(x) ermittelt.
Die Gewinnschwellenmenge wird demnach wie folgt berechnet:

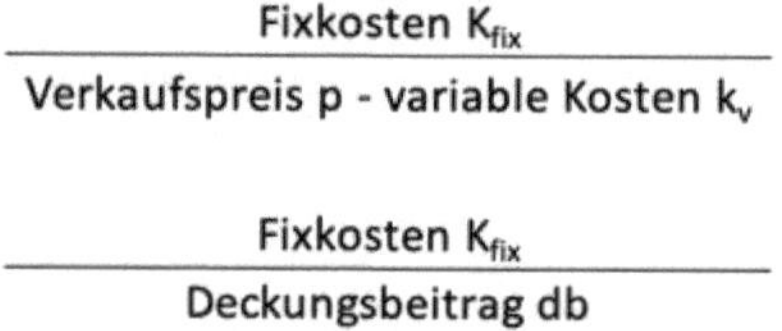

$$\frac{\text{Fixkosten } K_{fix}}{\text{Verkaufspreis } p - \text{variable Kosten } k_v}$$

$$\frac{\text{Fixkosten } K_{fix}}{\text{Deckungsbeitrag db}}$$

Verändern sich die Fixkosten, der Verkaufspreis oder die variablen Stückkosten, so hat dies eine Verschiebung des Break-even-Points nach „links“ (Verringerung der Gewinnschwellenmenge) oder nach „rechts“ (Erhöhung der Gewinnschwellenmenge) zur Folge.

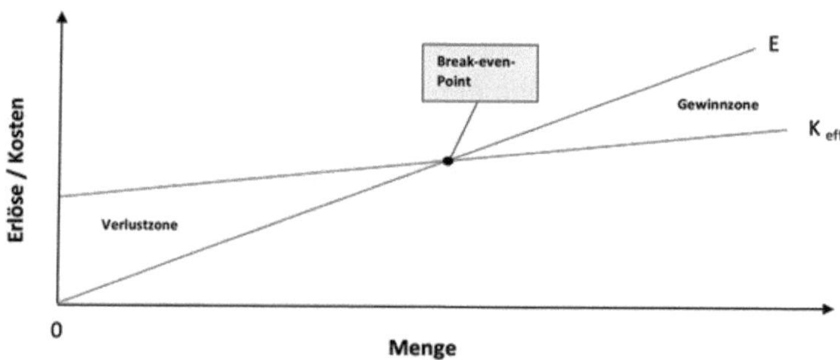

Dabei gilt: Erhöhung der Gewinnschwellenmenge (Verschiebung des BEP nach „rechts“) durch

- höhere Fixkosten (z. B. aufgrund einer Kapazitätserweiterung)
- höhere variable Stückkosten (z. B. durch höhere Materialkosten oder Lohnkostensteigerungen)
- niedrigere Verkaufspreise (z. B. aufgrund von Nachfrageverschiebungen)

Eine Verringerung der Gewinnschwellenmenge tritt demnach ein, wenn die Fixkosten oder die variablen Stückkosten sinken bzw. der Verkaufspreis steigt.

Mehrstufige Break-even-Analyse

Da es in einem Mehrproduktbetrieb unzählige Absatzkombinationen gibt, bei der die fixen Kosten durch die Summe der Stückdeckungsbeiträge gedeckt sind, lässt sich keine eindeutige Gewinnschwellenmenge ermitteln.

Für die mehrstufige Break-even-Analyse werden daher die Umsätze sowie die Deckungsbeitragsumsatzquote (DBU-Quote) der einzelnen Produkte als Maßstab herangezogen.

Die Deckungsbeitragsumsatzquote wird demnach wie folgt berechnet:

$$\text{Deckungsbeitragsumsatzquote} = \frac{\text{Stückdeckungsbeitrag db}}{\text{Verkaufspreis p x 100}}$$

$$\text{Deckungsbeitragsumsatzquote} = \frac{\text{Gesamtdeckungsbeitrag DB}}{\text{Umsatzerlöse E x 100}}$$

4.2 Kurz- und langfristige Preisuntergrenze

Preisuntergrenzen geben die Höhe des Verkaufspreises an, den ein Unternehmen mindestens für ein Produkt ansetzen muss, um lang- bzw. kurzfristig zu bestehen. Insbesondere in wirtschaftlich schlechten, durch Absatzrückgang gekennzeichneten Zeiten oder bei verschärfter Wettbewerbssituation kommt den Preisuntergrenzen eine entscheidende Bedeutung zu, da Preissenkungen nur in einem bestimmten Ausmaß vorgenommen werden dürfen, um keinen Verlust zu erzielen.

Langfristige Preisuntergrenze

Langfristig gesehen müssen alle Kosten durch die erzielten Erlöse gedeckt sein. Die langfristige Preisuntergrenze ist demnach er-reicht, wenn der Verkaufspreis je Stück die gesamten Stückkosten, also sowohl die variablen wie auch die fixen Stückkosten, deckt. Da sich die fixen Stückkosten bei unterschiedlicher Beschäftigung verändern, ist zur Berechnung der langfristigen Preisuntergrenze eine Marktanalyse zur Ermittlung der langfristig absetzbaren Menge notwendig.

Durch den Ansatz der langfristigen Preisuntergrenze können Arbeitsplätze erhalten bzw. die Absatzsituation stabilisiert werden. Das Fortbestehen des Unternehmens ist dabei auch auf lange Sicht gesichert, da für die Arbeitsleistung von Geschäftsführern bzw. Einzelunternehmern Kosten in Form von Gehältern bzw. kalkulatorischem Unternehmerlohn angesetzt werden, auf einen Gewinn kann insofern verzichtet werden.

Kurzfristige Preisuntergrenze

Die kurzfristige Preisuntergrenze ist erreicht, wenn der Verkaufspreis die durch die Produktion verursachten variablen Stückkosten abdeckt. Da in dieser Situation kein Deckungsbeitrag zur Deckung der fixen Kosten zur Verfügung steht, entsteht ein Betriebsverlust in Höhe der Fixkosten. Auf den Ersatz der fixen Kosten kann vorübergehend durchaus verzichtet werden, da diese kurzfristig nicht beeinflussbar sind und unabhängig von der Produktion anfallen, auf lange Sicht gesehen würde der Verzicht auf die Fixkosten jedoch zur Insolvenz führen.

4.3 Eigenfertigung oder Fremdbezug

Make or buy – die Entscheidung, ob ein bestimmtes Produkt selbst hergestellt (Eigenfertigung = *„make"*) oder von einem Lieferanten bezogen werden soll (Fremdbezug = *„buy"*), muss unter Berücksichtigung verschiedener Aspekte getroffen werden. Neben der jeweiligen Kostensituation spielen auch Faktoren wie Kapazitätsauslastung, Qualität oder technisches Know-how eine große Rolle.

Bei langfristig zu treffenden Entscheidungen werden die Methoden der Investitionsrechnung herangezogen, wobei hier die Gestaltung des betrieblichen Produktionsapparates, die Durchführung oder Unterlassung von Investitionen, also die Kapazität und somit auch die Höhe der fixen Kosten im Vordergrund steht.

Kostenunabhängige Vorteile der Eigenfertigung:

- Unmittelbarer Einfluss auf die Qualität des Produktes
- Beschäftigungssicherung
- Unabhängigkeit von Lieferanten (Liefertermine, Preise)
- Sicherung von Know-how (kein Verlust von Betriebsgeheimnissen)
- Flexibilität

Kostenunabhängige Vorteile der Fremdfertigung:

- Qualität (unter Umständen bei spezialisiertem Lieferanten besser)
- Keine Mittelbindung
- Risikominderung bei Stückzahlschwankungen
- Nutzung von Fertigungs-Know-how des Lieferanten
- Unter dem Kostengesichtspunkt müssen im kurzfristigen Entscheidungsbereich basierend auf einer bestimmten, vorhandenen Kapazität die beiden Situationen „Eigenfertigung bei freien Kapazitäten" und „Eigenfertigung bei ausgelasteter Kapazität" unterschieden werden.

Kostenvergleich Eigenfertigung – Fremdbezug bei freien Kapazitäten:

Sofern aufgrund der freien Kapazitäten die Eigenfertigung mit den bereits vorhandenen Betriebsmitteln möglich ist, ist die Eigenfertigung dem Fremdbezug vorzuziehen, wenn die zusätzlich anfallenden variablen Herstellkosten je Stück geringer sind als der Bezugspreis je Stück.
Die fixen Kosten müssen bei der Kostenkalkulation der Eigenfertigung außer Ansatz bleiben, da sie unabhängig von der Entscheidung für Eigenfertigung oder Fremdbezug in gleicher Höhe anfallen.
Für die Ermittlung der variablen Herstellkosten pro Stück gilt:

	Fertigungsmaterial / Stück
+	variable Materialgemeinkosten
+	Fertigungslöhne / Stück
+	variable Fertigungsgemeinkosten
=	Herstellkosten / Stück

Zu beachten ist, dass sich die Fertigungslöhne bei Unterbeschäftigung mit vollem Lohnausgleich wie fixe Kosten verhalten, in diesem Fall sind die Fertigungslöhne nicht in die Berechnung der variablen Herstellkosten mit einzubeziehen, da durch die zusätzliche Produktion keine höheren Lohnkosten anfallen.

Der Bezugspreis/Stück bei Fremdbezug wird wie folgt kalkuliert:

Listeneinkaufspreis
- Lieferrabatt
= Zieleinkaufspreis
- Lieferskonto
= Bareinkaufspreis
+ Bezugskosten
= Bezugspreis

Kostenvergleich Eigenfertigung – Fremdbezug bei ausgelasteten Kapazitäten:

Erwägt ein Unternehmen die Eigenfertigung eines bislang fremd bezogenen Produktes, obwohl die Kapazitäten ausgelastet sind, kann aufgrund der Engpasssituation ein bisher selbst gefertigtes Erzeugnis entweder nur noch eingeschränkt oder gar nicht mehr produziert werden. Unter diesen Umständen müssen bei den Kosten der Eigenfertigung neben den variablen Herstellkosten je Stück auch die Opportunitätskosten berücksichtigt werden, da mit der Entscheidung für die Alternative der Eigenfertigung des bislang fremd bezogenen Produktes der Deckungsbeitrag eines bisher selbst gefertigten, aber nun verdrängten Erzeugnisses verloren geht. Aufgrund des vorhandenen Engpasses ist dabei der relative Deckungsbeitrag heranzuziehen.

Die Kosten der Eigenfertigung bei ausgelasteten Kapazitäten werden demnach wie folgt ermittelt:

Fertigungsmaterial / Stück
+ variable Materialgemeinkosten
+ Fertigungslöhne / Stück
+ variable Fertigungsgemeinkosten
= Herstellkosten / Stück
+ Opportunitätskosten
= Gesamtkosten / Stück

Die fixen Kosten bleiben auch hier unberücksichtigt.

Kostenvergleich Eigenfertigung – Fremdbezug bei langfristigen Entscheidungen:

Stellt sich in einem Unternehmen die Frage, ob ein bestimmtes Produkt auf lange Sicht fremd bezogen oder selbst produziert werden soll, muss geprüft werden, ab welcher Menge die Eigen-fertigung, bei der zwar fixe Kosten, aber niedrigere variable Stückkosten anfallen, kostengünstiger ist als der Fremdbezug, der zwar keine fixen Kosten verursacht, jedoch mit höheren variablen Stückkosten (= Bezugspreis) verbunden ist.

Die kritische Produktionsmenge wird durch Gleichsetzen der Kostenfunktion bei Eigenfertigung mit der Kostenfunktion bei Fremdbezug ermittelt.

Dabei gilt:
die Kostenfunktion bei Eigenfertigung: K(x) = Kfix + kv * x
die Kostenfunktion bei Fremdbezug K(x) = kv * x

4.4 Produktionsprogramm

Bei der Erstellung eines Produktionsprogramms geht es darum, Produkte gewinnbringend auszuwählen und eine Rangliste bzw. eine Produktionsfolge festzulegen.

Deckungsbeitragsrechnung

Bei der Deckungsbeitragsrechnung werden dem einzelnen Kostenträger lediglich die variablen Kosten zugerechnet, da nur die-se vom Produkt direkt verursacht werden (= Kostenverursachungsprinzip). Die fixen Kosten werden als Gesamtsumme unmittelbar in die Betriebsergebnisrechnung übernommen. Zwingende Voraussetzung für die Anwendung der Deckungsbeitrags-rechnung ist daher die Aufteilung der Kosten in variable und fixe Bestandteile.

Absolute Deckungsbeiträge

Der absolute Deckungsbeitrag je Stück (= db) ergibt sich aus der Differenz vom Verkaufspreis p und den variablen Stückkosten kv. Er trägt zur Deckung der fixen Kosten bei bzw. führt zu Betriebs-gewinnen, sobald die Fixkosten gedeckt sind (Voraussetzung: p > kv und damit db > 0).

absoluter Deckungsbeitrag je Stück (db) = Verkaufspreis p - variable Stückkosten k_v

Zur Ermittlung des gesamten Produktdeckungsbeitrags muss der Stückdeckungsbeitrag mit der abgesetzten Menge des Produktes multipliziert bzw. von den Umsatzerlösen dieses Produktes die variablen Kosten der abgesetzten Menge abgezogen werden.

Gesamter Produktdeckungsbeitrag = Stückdeckungsbeitrag x Produktabsatzmenge

Zieht man von der Summe der Deckungsbeiträge die Fixkosten ab, gelangt man zum Betriebsergebnis:

Deckungsbeitrag ./. Fixkosten = Betriebsergebnis

Deckungsbeitrag > Fixkosten → Betriebsgewinn

Deckungsbeitrag = Fixkosten → Betriebsergebnis gleich Null

Deckungsbeitrag < Fixkosten → Betriebsverlust

Relative Deckungsbeiträge

Bei Vorliegen eines betrieblichen Engpasses (z. B. bei nicht ausreichender Maschinenkapazität, Personalmangel oder Liefer-schwierigkeiten von Rohstoffen) muss für unternehmerische Entscheidungen der relative Deckungsbeitrag, also der auf die Engpasseinheit bezogene Deckungsbeitrag der einzelnen Produkte herangezogen werden.

Hier geht es um eine allgemeine Vergleichbarkeit und die enge Kapazität so gewinnbringend wie möglich zu nutzen.

Der relative Deckungsbeitrag wird wie folgt berechnet:

$$\text{relativer Deckungsbeitrag} = \frac{\text{absoluter Stückdeckungsbeitrag}}{\text{Engpassbeanspruchung}}$$

4.5 Sortimentsauswahl mit Hilfe von Verfahren der Kosten- und Leistungsrechnung

Optimales Produktionsprogramm

Ziel eines jeden Unternehmens ist es, das Produktions- und Absatzprogramm zu optimieren und auf die rentabelsten Erzeugnisse auszurichten, damit ein maximales Betriebsergebnis erzielt wird. Demnach richtet sich die Rangfolge, in der die Erzeugnisse hergestellt werden, nach der Höhe der jeweils von ihnen erwirtschafteten Deckungsbeiträge.

Optimales Produktionsprogramm ohne Engpass

Sofern ein Betrieb über ausreichende Produktionskapazität verfügt und bei Leistungserstellung keine betrieblichen Engpässe z. B. durch die Beanspruchung von Maschinen, Anlagen, Materialien oder Mitarbeitern bestehen, wird das optimale Produktionsprogramm nach der Höhe des absoluten Deckungsbeitrages je Stück bestimmt. Dabei wird zuerst das Produkt mit dem höchsten absoluten Stückdeckungsbeitrag bis zur maximalen Ab-satzmenge produziert, anschließend das Produkt mit dem zweit-höchsten absoluten Stückdeckungsbeitrag usw.

Produkte mit einem negativen absoluten Stückdeckungsbeitrag werden nicht in die Produktion aufgenommen, es sei denn, es bestehen Lieferverträge, die eine Produktion der vereinbarten Liefermengen notwendig machen.

Optimales Produktionsprogramm mit Engpass

Reicht die vorhandene Kapazität nicht aus, alle Produkte in der absetzbaren Menge zu produzieren, spricht man von einem betrieblichen Engpass. Die Produktionsrangfolge richtet sich dann nach der Höhe des relativen Deckungsbeitrages bezogen auf die jeweilige Engpasseinheit.

Sortimentsauswahl mit Hilfe von Verfahren der Kosten- und Leistungsrechnung

Das optimale Produktionsprogramm bei Engpasssituation wird wie folgt ermittelt:

1. Berechnung der absoluten Stückdeckungsbeiträge
2. Ermittlung der relativen Deckungsbeiträge und Festlegung der Produktionsrangfolge
3. Verteilung der Engpasskapazität auf die Produkte gemäß der Produktionsrangfolge (unter Berücksichtigung der Absatzhöchstmengen und etwaiger Mindestproduktionsmengen aufgrund von Lieferverpflichtungen)

5. Grundzüge des Kostencontrollings

Die Kostenkontrolle soll durch Überwachung der Kostenentwicklung die Aufdeckung von Unwirtschaftlichkeiten im Betrieb ermöglichen und ist somit die Basis wirtschaftlichen Handelns.

Um eine Kostenkontrolle durchführen zu können, müssen die tatsächlich angefallenen Kosten einer Abrechnungsperiode (Ist-kosten) mit einer Richtgröße, die aus Durchschnittswerten der Vergangenheit (Normalkosten) oder aus geplanten Werten (Plankosten) bestehen kann, verglichen werden.

Die Kostenkontrolle sollte sich insbesondere auf die Verbrauchsabweichung (→ Unwirtschaftlichkeiten) konzentrieren. Aus diesem Grund müssen Abweichungen, die auf Preisänderungen und unterschiedliche Beschäftigungsgrade zurückzuführen sind, vorab bestimmt und aus der Gesamtabweichung herausgerechnet werden.

Die Kostenkontrollrechnung sollte nach betrieblichen Organisationseinheiten gegliedert (Kostenstellen, Abteilungen) durchgeführt werden, um bei Unwirtschaftlichkeiten den jeweils Verantwortlichen (z. B. Kostenstellenleiter, Meister, Abteilungsleiter) zur Rechenschaft ziehen zu können.

Normalkostenrechnung

Die Normalkostenrechnung ist eine von mehreren Methoden, um im Betrieb eine Kostenkontrolle durchzuführen.

Während die Istkostenrechnung – vor allem angewandt als Nachkalkulation – die in der Kostenartenrechnung erfassten Ist-kosten einer Abrechnungsperiode lückenlos auf die Kostenstellen und die Kostenträger verteilen soll, werden in der Normal-kostenrechnung Normalkosten, also

Sortimentsauswahl mit Hilfe von Verfahren der Kosten- und Leistungsrechnung

vergangenheitsorientierte Durchschnitte früherer Istkosten, verwendet. Ein auf Normalkosten aufgebautes Kostenrechnungssystem ist somit frei von Zufallsschwankungen.
Die Normalkostenrechnung kann als starre oder flexible Normal-kostenrechnung durchgeführt werden.

Starre Normalkostenrechnung:
Keine Berücksichtigung von Beschäftigungsänderungen
Keine Trennung der Normalkosten in fixe und variable Bestand-teile
Ermittlung einer Gesamtabweichung aus dem Vergleich von Ist- und Normalkosten (Kostenüber- bzw. Kostenunterdeckung)

Flexible Normalkostenrechnung:
Trennung der Normalkosten in fixe und variable Bestandteile
- Ermittlung eines variablen und fixen Normalgemeinkostensatzes durch Division der variablen bzw. fixen Normalgemeinkosten durch die Normalbeschäftigung
- Aufspaltung der Gesamtabweichung von Ist- und Normalkosten in Beschäftigungsabweichung und Verbrauchsabweichung durch Berücksichtigung der jeweils zugrundeliegenden Beschäftigung

5.1 Kostenüber- und Kostenunterdeckungen

Kostenabweichungen können festgestellt werden, indem in einem Betriebsabrechnungsbogen die kalkulierten Normal-Gemeinkosten den tatsächlich angefallenen Ist-Gemeinkosten gegenübergestellt werden.

In der Praxis ist es schwierig, die Normalkosten deckungsgleich mit den Istkosten zu kalkulieren. Wird allerdings über mehrere Perioden hinweg eine Kostenunterdeckung festgestellt, müssen die Zuschlagssätze neu berechnet werden. Eine großzügige Bemessung der Zuschlagssätze mit dem Ziel, auf jeden Fall alle Kosten zu decken, ist deshalb nicht erlaubt, da die Zuschlagssätze in der Kalkulation verwendet und mit ihrer Hilfe die Preise festgelegt werden. Sind die Zuschlagssätze zu großzügig bemessen, kann das Produkt zu teuer werden. Deshalb ist eine möglichst genaue Vorkalkulation oberstes Ziel bei der Anwendung von Normal-Gemeinkostenzuschlagssätzen.

5.2 Kosten-Abweichungen

Die Kostenabweichung wird im Rahmen der Systeme der Plan-kostenrechnung ermittelt. Hierbei handelt es sich um die Differenz zwischen bestimmten Soll-, Ist- und Plankosten. Sie kann positiv wie negativ sein.

Grenzen der Normalkostenrechnung

Eine Kostenkontrolle durch Vergleich der Istkosten mit den Normalkosten ermöglicht zwar eine Abweichungsanalyse von tatsächlich angefallenen Kosten zu den durchschnittlichen Kosten, dennoch bleibt die Normalkostenrechnung vergangenheits-bezogen und kann somit die zukunftsorientierte Plankostenrechnung nicht ersetzen. Eine mithilfe der Normalkostenrechnung durchgeführte Kostenkontrolle ist demnach nur bedingt aussagefähig.

Plankostenrechnung

Bei normalem Betriebsablauf haben die Plankosten Norm- oder Vorgabecharakter. Sie werden deshalb auch als Vorgabekosten bezeichnet. Die Plankostenrechnung ist ein Instrument der Kostenkontrolle, das nicht auf Vergangenheitswerten beruht, sondern als Maßstab für die Wirtschaftlichkeit zukunftsbezogene Plankosten heranzieht.
Dabei werden für eine bestimmte Planbeschäftigung die Plankosten ermittelt, welche maßgeblichen Vorgabecharakter für die Abweichungsanalyse haben.
Man unterscheidet

- Starre Plankosten
- Flexible Plankosten (Vollkostenbasis)
- Grenzplankostenrechnung (Teilkostenbasis)

Starre Plankostenrechnung

Bei der starren Plankostenrechnung werden die Plankosten der Kostenstellen für eine zu erwartende Planbeschäftigung (Bsp. anhand von Fertigungsstunden) vorgegeben. An Beschäftigungsschwankungen können die Plankosten nicht angepasst werden. Bei schwankender Beschäftigung ist eine Kostenkontrolle in den einzelnen Kostenstellen nicht mehr möglich.

1. Schritt Planbeschäftigung bzw. Planbezugsgrößen für jede Kostenstelle festlegen	2. Schritt Errechnung des Plankostenverrechnungssatzes
3. Schritt Ist-Menge bekannt! Verrechnete Plankosten können bestimmt werden	4. Schritt Vergleich der verechneten Plankosten und der Istkosten

Schritt 1:

Der Plankostenverrechnungssatz wird berechnet. Die gesamten Kosten werden auf die Beschäftigung umgerechnet, um die Plankosten pro Beschäftigungseinheit zu erhalten.

Schritt 2:

Der Plankostensatz wird mit der Istbeschäftigung multipliziert, um die verrechneten Plankosten zu erhalten.

Schritt 3:

Die Abweichung ergibt sich aus der Subtraktion der verrechneten Plankosten von den Istkosten.

Flexible Plankostenrechnung

Beschäftigungsschwankungen haben einen großen Einfluss auf die jeweilige Kostenstruktur der Kostenstellen.
Fixe Kosten bleiben bei allen Beschäftigungsschwankungen unabhängig. Diese Tatsache wird bei der flexiblen Plankostenrechnung mithilfe des „Variators“ berücksichtigt.
Der Variator ist eine Kennzahl. Der Variator zeigt an, wie hoch der variable (proportionale) Anteil der einzelnen Kostenart bei der Planbeschäftigung ist.

$$\text{Variator} = \frac{\text{Proportionale Kosten}}{\text{gesamte Plankosten}}$$

Grenzplankostenrechnung

Die Grenzplankostenrechnung ist ein Teilkostenrechnungssystem.
Der proportionale Plankostenverrechnungssatz sagt aus, wie hoch die proportionalen Kostenstellenplankosten pro Planbezugsgrößen (Bsp. Fertigungsstunden) sind.

Allgemeine Begriffe der Plankostenrechnung

Sollkosten

Die Anpassung der Plankosten an verschiedene Beschäftigungsgrade erfolgt mithilfe der Sollkosten. Sie können demnach als Plankosten auf Basis der Istbeschäftigung bezeichnet werden. Die Sollkosten enthalten neben den an die Istbeschäftigung angepassten variablen Kosten (variabler Plankostenverrechnungssatz multipliziert mit der Istbeschäftigung) die kompletten fixen Plankosten, da diese unabhängig von der Beschäftigung in voller Höhe anfallen.

Verbrauchsabweichung

Die Ermittlung der Verbrauchsabweichung erfolgt durch Gegen-überstellung der Istkosten und der Sollkosten und gibt den Mehr- oder Minderverbrauch von Kostengütern an.

Beschäftigungsabweichung

Die Beschäftigungsabweichung ist keine echte Kostendifferenz, sondern vielmehr ein „Verrechnungsfehler" bezogen auf den fixen Teil der Plankosten. Dabei liegt die Überlegung zugrunde, dass unabhängig vom tatsächlichen Beschäftigungsgrad die fixen Plankosten in voller Höhe anzusetzen sind, die Ermittlung der verrechneten Plankosten jedoch eine Proportionalisierung der fixen Kosten mit sich bringt.
Stimmen die Plan- und Istbeschäftigung überein, ist die Beschäftigungsabweichung gleich Null. Bei den fixen Kosten handelt es sich ausschließlich um Nutzungskosten, die sich mit abnehmen-der Beschäftigung in Leerkosten verwandeln.

Gesamtabweichung

Die Gesamtabweichung setzt sich aus Beschäftigungs- und Verbrauchsabweichung zusammen.

5.3 Kostenmanagement vom Markt her ableiten

Die Zielkostenrechnung ist aufgrund ihrer starken Kundenorientierung weniger ein Instrument des oft unternehmenszentrierten Controllings als vielmehr eine gesamtheitliche Managementmethode, welche sich als strategische Entscheidungshilfe auf wettbewerbsintensiven Märkten bewährt hat.

Zielkostenrechnung (engl.: target costing)

Während die klassische Kostenrechnung den Verkaufspreis eines Produktes durch Addition der Selbstkosten und des gewünschten Gewinnaufschlages bestimmt, geht die Zielkostenrechnung retrograd vor und ermittelt ausgehend von der Marktsituation und den Kundenbedürfnissen, wie viel ein Produkt kosten darf.

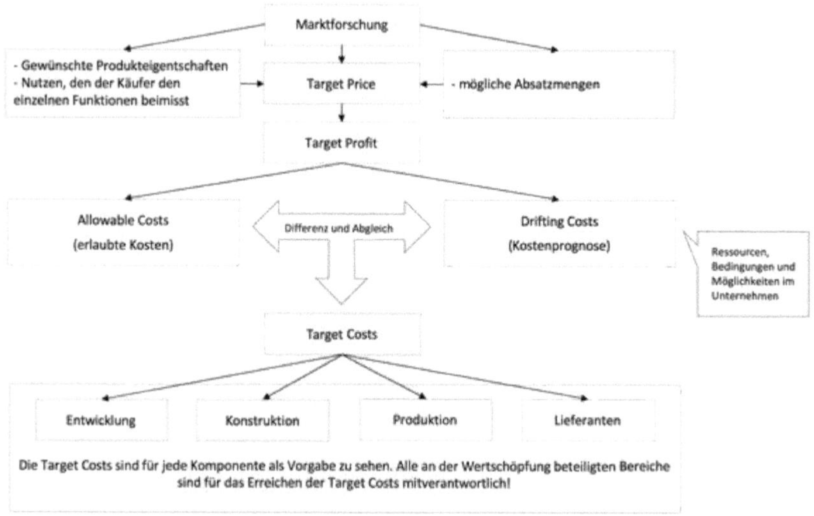

Bei Anwendung der Zielkostenrechnung werden drei Phasen unterschieden:

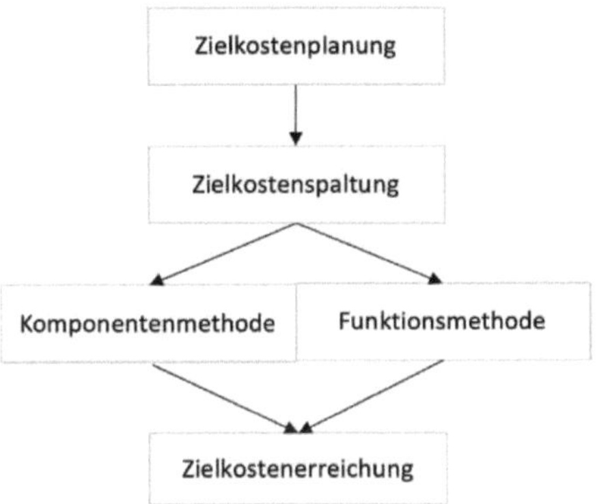

Phase 1: Zielkostenplanung

Zu Beginn findet eine Analyse der Kundenwünsche bzw. der Erwartungen an das Produkt und seine Eigenschaften bezüglich Qualität, Preis, Design usw. anhand von Marktforschungsmaß-nahmen statt. Danach folgt eine Bestimmung des Zielverkaufspreises unter Berücksichtigung der Marktanalyse. Wir beantworten damit die Frage „Welchen Preis akzeptieren die Kunden?". Der Zielverkaufspreis abzüglich Gewinnmarge = Zielkosten (Kostenobergrenze)

Phase 2: Zielkostenspaltung

Hier werden grundlegend zwei Methoden die Komponentenmethode und die Funktionsmethode unterschieden.

Komponentenmethode

Zerlegung des Produktes in einzelne Komponenten (z. B. Motor, Gehäuse usw.) danach folgt die Gewichtung der Komponenten aufgrund von Erfahrungswerten des Entwicklerteams und schließlich wird die Verteilung der Zielkosten gemäß Komponentengewichtung vorgenommen.

Funktionsmethode

Gewichtung der Kundenwünsche in Bezug auf die einzelnen Produktfunktionen (Marktanalyse) danach folgt die Ermittlung des Beitrags der Produktkomponenten zur Erfüllung der Produktfunktionen zudem die Verknüpfung der Funktionsgewichtung mit der Komponentengewichtung in einer Matrix und schließlich folgt die Verteilung der Zielkosten gemäß der kombinierten Gewichtung von Komponenten und Funktionen.

Phase 3: Zielkostenerreichung

Überprüfung der Zielkostenerreichung durch Ermittlung eines Zielkostenindex‘. Dieser wird wie folgt ermittelt:

$$\text{Zielkostenindex} = \frac{\text{Aktueller Kostenanteil einer Produktkomponente}}{\text{Zielkostenanteil einer Produktkomponente}}$$

Zur Erläuterung dienen folgende Richtlinien:
Zielkostenindex = 1 bedeutet optimale Verhältnisse;
Zielkostenindex > 1 bedeutet Kostensenkungsbedarf;
Zielkostenindex < 1 bedeutet Spielraum für Funktionsverbesserung.

Vorteile der Zielkostenrechnung:

- Optimale Anpassung der Produkte an die Kundenwünsche; hierdurch Vermeidung von Fehlern in der Produktentwicklung bezüglich nicht gewünschter oder zu teurer Zusatzfunktionen.
- Frühe Kostenbeeinflussung im Produktlebenszyklus; bindende Kostenvorgaben bereits zu Beginn der Produktentwicklungsphase.
- Hohe Qualität bei sinkenden Durchschnittskosten; Streben nach permanenter Verbesserung unter Berücksichtigung der Zielkostenerreichung.
- Mitarbeitereffekt; Einflussnahme auf das Kostenbewusstsein der Mitarbeiter - Freilegen von Mitarbeiterressourcen.

5.4 Gemeinkosten prozessbezogen auswerten

Ziel der Prozesskostenrechnung ist es, den stetig größer werdenden Anteil der Gemeinkosten an den Gesamtkosten verursachungsgerechter auf die Kostenträger zu verteilen.

Hierfür werden die für einzelne betriebliche Teilprozesse entstehenden Kosten ermittelt und anschließend den Kostenträgern entsprechend der mengenmäßigen Inanspruchnahme der Teilprozesse zugerechnet.

Dabei ist die prozentuale Steigerung der Gemeinkosten insbesondere auf die zunehmende Automatisierung der Fertigung sowie die erhöhten Kosten in den indirekten Leistungsbereichen wie z. B. Beschaffung, Marketing, Entwicklung oder Vertrieb zurückzuführen.

Eine Verteilung der Gemeinkosten mithilfe der Zuschlagskalkulation ist bei sehr hohen Gemeinkostenzuschlagssätzen aufgrund des angewandten Durchschnittsprinzips ungenau und nicht verursachungsgerecht, die so ermittelten Selbstkosten eines Kostenträgers sind dann nur bedingt aussagekräftig.

<table>
<tr><td>Prozesskostenrechnung</td><td colspan="2">leistungsmengeninduzierte Kosten
(abhängig vom Tätigkeitsvolumen der Kostenstelle)
Beispiele: Bestellungen, Buchungen, Anrufe, Rüsten, Verpacken, Beraten</td><td>leistungsmengenneutrale Kosten
(unabhängig vom Tätigkeitsvolumen der Kostenstelle)
Beispiel: Leiten</td></tr>
<tr><td></td><td>Rohstoffverbrauch, Fertigungs-materialverbrauch</td><td>Sachbearbeitergehälter, EDV, Büromaterial</td><td>Abteilungsleitergehälter, sonstige Unternehmensleitungskosten</td></tr>
<tr><td>Teilkostenrechnung</td><td>variable Kosten
(abhängig von der Produktionsmenge)
Beispiele: Material, Energie</td><td colspan="2">fixe Kosten
(unabhängig von der Produktionsmenge)
Beispiele: Gehälter, Mieten, Zinsen</td></tr>
</table>

Schritt 1: Tätigkeitsanalyse

Ermittlung von gleichartigen und sich regelmäßig wiederholenden Tätigkeiten in den entsprechenden Kostenstellen durch strukturierte Befragung der jeweiligen Mitarbeiter sowie Auswertung der Zeiteinteilung oder Stellenbeschreibungen, Arbeitsanweisungen, usw.

Schritt 2: Zusammenfassung zu Teilprozessen

Hier wird die Bündelung von zeitlich und sachlogisch zusammen-hängenden Tätigkeiten zu Teilprozessen vorgenommen.
Eine Differenzierung zwischen leistungsmengeninduzierten Prozessen (lmi-Prozesse) und leistungsmengenneutralen Prozessen (lmn-Prozesse) erfolgt.
Lmi = ... verhalten sich proportional zur Menge der in Anspruch genommenen Kostentreiber. Man spricht auch von bezugsgrößenabhängigen oder variablen Prozesskosten.
Lmn = ... entstehen unabhängig von der Menge der in Anspruch genommenen Kostentreiber. Sie werden durch leistungsmengenneutrale (lmn) Aktivitäten verursacht und auch als bezugs-größenunabhängige (lmu) oder fixe Prozesskosten bezeichnet.
Dabei gilt:
lmi-Prozesse → Teilprozesskosten abhängig von der Outputmenge (Teilprozess „Lieferantenauswahl")
lmn-Prozesse → Teilprozesskosten unabhängig von der Outputmenge (Teilprozess „Abteilung leiten")

Schritt 3: Verdichtung zu Hauptprozessen

Schlussendlich erfolgt die Zuordnung zusammenhängender Teil-prozesse zu kostenstellenübergreifenden Hauptprozessen wie beispielsweise „Lieferantenauswahl", „Bestellungen durchführen", „Kreditorenbuchhaltung", „Materialien einlagern" zum Hauptprozess „Bestellung" oder „Lieferantenreklamationen bearbeiten", „Lieferantenreklamationen buchen" zum Hauptprozess „Lieferantenreklamationen".

Schritt 4: Ermittlung der Kostentreiber (cost driver)

Bestimmung geeigneter Verrechnungsgrundlagen für die leistungsmengeninduzierten Teilprozesskosten (Proportionalität zwischen Teilprozesskosten und Kostentreiber).

Teilprozess "Lieferantenauswahl" → Kostentreiber "Anzahl der Bestellungen"

Teilprozess "Bestellung durchführen" → Kostentreiber "Anzahl der Bestellungen"

Teilprozess "Debitorenbuchhaltung" → Kostentreiber "Anzahl der Aufträge"

Teilprozess "Produkte einlagern" → Kostentreiber "Anzahl der Aufträge"

Schritt 5: Ermittlung der Prozesskostensätze

lmi-Prozesskostensatz	=	lmi-Prozesskosten / Prozessmenge
lmn-Umalgesatz	=	lmi-Prozesskosten / Summe der lmi-Prozesskosten x lmi-Prozesskostensatz
Prozesskostensatz gesamt	=	lmi-Prozesskostensatz + lmn-Umlagesatz

6. Glossar

Ebenfalls bereits lieferbar:

Eva Heinz-Zentgraf
Gepr. Bilanzbuchhalterin (IHK)

300 S.; 24,80; ISBN 978-3-95887-831-0

Weitere Neuerscheinungen:

1 – Geschäftsvorfälle erfassen…;
geplant für Ende Juni2021

7 – Kommunikation, Führung und Zusammenarbeit…
geplant für Ende Juli 2021